Osprey Military New Vanguard
オスプレイ・ミリタリー・シリーズ

世界の戦車イラストレイテッド
23

M3 & M5スチュアート軽戦車 1940-1945

[著]
スティーヴン・ザロガ
[カラー・イラスト]
ジム・ローリアー
[訳者]
武田秀夫

M3 & M5 STUART LIGHT TANK 1940-1945

Text by
Steven J. Zaloga
Colour Plates by
Jim Laurier

大日本絵画

目次 contents

3	スチュアート誕生の歴史 introduction
7	M3軽戦車の登場 the M3 light tank
16	改良進むM3 M3 development continued
22	スチュアートから発展した自走砲 specialized stuart variants
23	M3とM5、その後の戦績 the M3 and M5 in combat
25 49	カラー・イラスト カラー・イラスト解説

◎カバー裏の写真　1943年になって強力な75㎜砲を搭載したM4中戦車の配備が進むにつれ、アメリカ海兵隊戦車大隊のM3A1軽戦車は順次引退を迫られた。しかしその一部は日本軍の防御陣地を破壊できない非力な37㎜砲の代わりに火焰放射器が搭載されて、「サタン」火焰放射戦車として再度戦闘に投入された。写真は第2海兵戦車大隊C中隊所属の「サタン」火焰放射戦車"Dusty"。溶接組立ての車体と、砲塔から突き出た短い火焰放射銃がよくわかる。「サタン」は火焰の到達距離が短く、また燃料容量が小さいため火焰放射時間が2分しか続かず、実際はあまり役に立たなかった。(US Marine Corps)

◎著者紹介　スティーヴン（スティーヴ）・ザロガ　Steven Zaloga
1952年生まれ。装甲車両の歴史を中心に、現代のミリタリー・テクノロジーを主題とした20冊以上の著作を発表。旧ソ連、東ヨーロッパ関係のAFV研究家として知られ、また、米国の装甲車両についても造詣が深く、多くの著作がある。米国コネチカット州に在住。

ジム・ローリアー　Jim Laurier
国際的に評価されている航空・軍事関係のイラストレイター。「American Society of Aviation Artists」「New York Society of Illustrations」「American Fighter Aces Association」会員。

M3 & M5 スチュアート軽戦車 1940-1945
M3 & M5 STUART LIGHT TANK 1940-1945

introduction

スチュアート誕生の歴史

　アメリカが開発して実用化し、イギリス人がスチュアートの名をつけたM3/M5軽戦車シリーズは、1930年代のアメリカの戦車技術の結晶ともいうべき陸軍の主力戦車だったが、主力戦車を軽戦車から中戦車に格上げする世界的趨勢に押されて、第二時世界大戦がはじまった時はすでに時代遅れになりかけていた。そのため1941年秋にリビアの砂漠でイギリス軍の手によりドイツ軍相手の戦いに臨んだスチュアートは、対戦車戦闘には不向きなことを短時日のうちに自ら立証する羽目になり、その1年後に今度はアメリカ軍の手でチュニジアで再度ドイツアフリカ軍団に立ち向かったが、結末はまたしても同じだった。事ここに至れば普通なら引退するところだが、幸か不幸か連合軍のスチュアートは簡単に引退させるにはあまりにも数が多く、偵察を主とする二次的な任務に転用したほうが得策と判断されて終戦まで生き延びたのであった。いっぽう太平洋戦線では状況がまったく異なり、M3/M5はガダルカナル島を筆頭にタラワ環礁、ペリリュー島、サイパン島、ビルマなど、日本軍相手の名うての激戦地で素晴らしい活躍を披露した。

　第二次大戦が終わるや、世界主要国の陸軍は即座にM3/M5軽戦車を現役から退けたが、その頑丈でバランスのとれた走行メカニズムのもたらす軽快さが好まれて軍事規模の小さな国々では大切に扱われ、南米の一部の国では1980年を過ぎてもまだ元気な姿を見せていた。

1941年から42年にかけて、イギリス第7機甲師団第4機甲旅団のスチュアートが北アフリカの砂漠を舞台にドイツ軍と戦った。その走りっぷりのよさからイギリス軍戦車兵に親しみをこめて「ハニー」と呼ばれたこのころが、スチュアートが生涯で最も輝いた時期だった。写真は1941年11月に決行された「クルセーダー」作戦の直前、エジプトの砂漠地帯で訓練に励む第8アイルランド軽騎兵連隊所属の「ハニー」。(The Tank Museum)

戦闘車と軽戦車
Combat Car and Light Tank

　第一次大戦のあとアメリカ陸軍は早速戦車隊を創設したが、それは独立の組織ではなく、歩兵部隊の一部門にすぎなかった。当時のアメリカは、国会でも国際孤立主義派が幅をきかせ、すべての政策がアメリカが欧州で再び戦うことはあり得ないという前提のもとに推進される状況だった。もし戦争が起きたとしても、それはせいぜいフィリピンのような辺境かもしくはアメリカをとりまく国境での紛争に過ぎない、

という考え方だから、戦車が勝敗の鍵となるとは誰も考えなかったし、当の陸軍内部でも戦車は重視されず、予算も削られて、開発にはずみがつきにくい状況だった。そしてもうひとつ効率的な戦車開発を妨げたものに、縄張りの問題があった。もともと戦車の開発は歩兵の責任分野ときまっていたのに、自らの任務遂行に最高の機動力を必要とする騎兵が、馬に替わる道具として戦車に関心を抱きはじめたのである。そのため1930年代にはいると、歩兵が彼らが言うところの軽戦車(ライトタンク)を保有するいっぽうで、公式には戦車をもてないはずの騎兵が、彼らが呼ぶところの戦闘車(コンバットカー)を別予算で試作して走らせるという、奇妙な事態に発展した。この2種類の車両は設計的に共通点が多く外観もよく似ていたが、それもそのはず、どちらもイリノイ州のロックアイランド工廠が設計、製造したものだった。

ロックアイランド工廠が開発したアメリカ陸軍騎兵隊向けのT5戦闘車。スチュアート軽戦車の直接の祖先にあたる車両で、すでに車体の形状や渦巻きばね使用のサスペンションボギーなど、のちのスチュアートの特徴を数多くそなえている。(US Army MHI)

　第一次、第二次両大戦のはざまに出現した戦車のうち、他国の戦車に最も大きな影響を与えたのがイギリス製の輸出用ヴィッカース6トン戦車だった。アメリカ陸軍の歩兵も早速この戦車を1両購入して、そのコピーに近いT1E4軽戦車を試作したが、この動きに刺激されて騎兵も別途外国製戦車をいくつか購入してテストを行った。その中に騎兵が勝手にT1戦闘車と命名した戦車があったが、それはじつはかの有名なクリスティー戦車にほかならなかった。こんなふうに歩兵と騎兵が個別に技術開発を競う状態がしばらく続いたあと、遂に1933年に陸軍長官が乗りだして、将来のアメリカの戦闘車ないし軽戦車の重量を7.5トンに抑える命令を出し、ようやく統一の機運が熟してきた。この命令と、それをなぞるように陸軍省が発行した要求仕様書に沿って、翌1934年にロックアイランド工廠がT2軽戦車とT5戦闘車を試作したが、例によってこのふたつの車両は非常に似通っていると同時に、のちにアメリカ初の陸軍制式軽戦車となったM3がもつ特徴を、この時点でほぼすべて備えていた。つまりM3は、このT2とT5を直接の先祖として生まれたのである。

　このM3の原点となった2種類の戦闘用車両のうち、T5戦闘車はいったん大幅な設計見直しを受けてからM1戦闘車と名を変えて、1935年から37年まで2年間生産された。M1は、砲塔に12.7mm重機関銃と7.62mm軽機関銃各1挺、車体に7.62mm軽機関銃1挺があるだけで、現在の我々の目で見ると信じられないほど武装が貧弱だったが、それは1930年代なかばのアメリカ陸軍が、12.7mm重機関銃を有効な対戦車兵器とみなしていたからだった。そして実際に12.7mm機銃の弾丸は、当時の大部分の外国の戦車(まだほとんどが軽戦車だった)の装甲をつらぬくことができたのである。M1はT5の時代と同様、M1になってからも大がかりな設計変更を受け、途中で円筒形の砲塔が平面で構成した角張ったかたちに変わったが、生産は順調に進んだ。

　いっぽう歩兵のT2軽戦車も呼称がM2A1軽戦車に変わり、同じく1935年から量産にはいった。M2A1は、車体はM1戦闘車とほぼ共通だったが砲塔の設計が異なり、機銃は12.7mm重機関銃1挺だけで、砲塔そのものも小型で

1930年代なかば、アメリカ陸軍は将来の戦車のあるべき姿についてまだはっきりした見通しを立てられず、試行錯誤を重ねていた。陸軍がT5戦闘車と並んで試作したこのT5E1戦闘車もそのひとつで、砲塔からまるでハリネズミのように多数の機関銃が突き出ている。テストの結果この方式は不採用となり、常識的な設計に落ち着いた。(Patton Museum)

砲塔内には1人しかはいれなかった。しかしそのかたちで生産が開始された途端に歩兵の考え方が変わり、10両で打ち切られて、11両目から突然砲塔が2個あるM2A2に切り換わった。この出来事は、砲塔の数が多ければより多くの目標を同時攻撃できて歩兵の援護には好都合という考え方が、当時まだ根強かったことを端的に表していた。この砲塔2個のM2A2軽戦車はM1同様1935年から37年まで3年間生産され、1930年代のアメリカ製戦車の中では最もありふれた存在となった。

スペイン内戦に学ぶ
Lessons of the Spanish Civil War

　1936年秋に勃発したスペイン内戦で、第一次世界大戦以来はじめての戦車同志の戦いが実現した。1937年にはいってから各所で発生した戦車戦は、そのほとんどが人民戦線政府軍のソ連製T-26軽戦車と、フランコ率いる反乱軍の機関銃以外武装のないドイツ製I号軽戦車PzKpfw IおよびイタリアCV.3/35軽戦車の対決というかたちをとったが、当時のアメリカ大使館付陸軍武官の報告書にある通り、機関銃だけの戦車は榴弾砲を装備したT-26の敵ではなかった。またこの戦いで軽戦車がドイツ製37mm砲を主とする対戦車兵器により簡単に撃破されたことも、関係者にとっては衝撃だった。アメリカ陸軍はこういったスペイン内戦から得た情報に大いに関心を抱いたが、それは彼らが自分たちの軽戦車と戦闘車をつくる時に模範としたヴィッカーズ6トン戦車を、ソ連がT-26軽戦車をつくる時も同様に模範としたことを知っていたからで、それ以上突っ込んだ関心はもっていなかった。そしてアメリカ陸軍は1938年度の公式調査の結果から、将来のアメリカ製戦車には最小限37mm砲が必要なことと、敵戦車の37mm砲の直撃弾を受けた場合を想定して、従来の厚さ5/8インチ（16mm）の装甲をいっそう強化する必要のあることを認めるに至ったのである。

　この結論を手っ取り早く実現させるには、既存の軽戦車を改造して装甲と武装を強化すればいいにきまっていたが、37mm対戦車砲の射撃に耐えるレベルまでもっていくのは、そう簡単ではなかった。ちょうど1938年から量産にはいるところだった歩兵の新型軽戦車M2A3にこの考えに基づく設計変更を適用することになったが、その内容は、車体を延長して車体前面の装甲厚さを16mmから22mmに増やし、その重量増加に対応するためサスペンションボギーの間隔を広げ、出力を増したコンチネンタルW-670-9型エンジンを搭載するという、かなり大掛かりなものとなった。M2A3と双児車の関係にある騎兵隊のM1A1戦闘車にもほぼ類似の改良が加えられて、M2A3同様

騎兵がつくった戦闘車のうち、まっ先に生産に移したM1。これはその初期型。後部に丸みがついた砲塔の前面に独立の銃座が2個あり、12.7mm重機関銃と7.62mm軽機関銃各1挺がマウントされていた。写真の車両は第1騎兵連隊に属し、砲塔のマークはその大昔インディアンと戦った時以来の由緒ある連隊徽章を表す。
（Patton Museum）

1938年度から量産が開始された。

　アメリカ陸軍はスペイン内戦の刺激が遠因となって、このあとようやく重い腰を上げて新型中戦車の開発に着手することになるのだが、軽戦車が果たして近未来の戦場で有効な武器となり得るかどうかといういちばん大事な問題については、深く考えることなく素通りしてしまった。もっとも陸軍がこの問題に真剣に取組んで、軽戦車から中戦車に全面的に移行すべきだと決心したところで、1938年から40年にかけてのアメリカの貧弱な軍事予算では実行が不可能だったから、結果は同じだったかもしれない。しかし外の世界では、こうしたアメリカの無関心をよそに容赦なく変革が進み、すでにヨーロッパではソ連とフランスとドイツが、軽戦車から中型戦車への移行を強力に推進していたのである。

　さてアメリカ陸軍の騎兵だが、彼らは歩兵と違ってスペイン内戦から学ぶ姿勢を示さず、1940年に生産が開始される予定のM2戦闘車も、武装は依然として12.7mm重機関銃1挺のままだった。しかし歩兵は着実に陸軍の新方針を実行に移し、1938年12月に仕様が確定した改良型軽戦車M2A4は、大型の砲塔に37㎜砲を装備して装甲も厚さ1インチ（25.4㎜）まで厚くなるとともに、隊長車に無線電話の送信機を積んでその他の車両には全車無線電話の受話機をもたせる近代的なアプローチをとり入れようとしていた。このM2A4が生産に入ろうとする矢先にヨーロッパで戦争が起きて、アメリカ政府は国内の国際孤立主義が急速に衰退する中、陸軍の増強と近代化に向けて力強い一歩を踏み出した。その影響は戦車の生産にもおよび、それまで政府直轄の小規模な工廠で続けられてきた生産が大規模な民間製造工場に移管されて、アメリカがいつでも戦争に突入できる即応態勢が整えられた。M2A4の生産もこの流れに沿って、ペンシルベニア州の鉄道車両製造会社アメリカンカー＆ファウンドリー社の工場で1940年5月から開始された。

　1940年6月のフランスの対独降伏をきっかけに、アメリカ陸軍は戦車部隊の強化を決意して同年7月10日に機甲軍を創設し、騎兵の戦闘車と歩兵の軽戦車がはじめて1本の指揮系統のもとにまとまることになった。その影響は各車両の型式呼称にも及んで、M1とM1A1戦闘車が一括してM1A2軽戦車となり、M2戦闘車はM1A1軽戦車となった。フランスの降伏は、アメリカ陸軍に否応なしにその装甲車両の技術面での立ち遅れを認識させることになった。過去に陸軍が想定していた植民地や国境での小規模な紛争が完全な夢物語となり、アメリカがもし戦争に巻き込まれるとすれば、それは間違いなくヨーロッパにおける大規模な衝突であることがわかってきたからである。これに気づいたアメリカ陸軍は1940年の夏、出来たばかりの機甲師団に中戦車を配備する決定を下したが、生産設備が整うまでしばらくの間は既存の軽戦車で我慢するしかなかった。

砲塔側面の丸みがとれて角張ったデザインに変わった後期生産型のM1戦闘車。第13騎兵連隊長専用車で、砲塔に描いた白い旗が指揮官旗を表し、中の丸い模様が連隊徽章である。人の陰になって見えないが、車体後部側面にも同じ連隊マークがある。
(US National Archives)

the M3 light tank
M3軽戦車の登場

M2A4軽戦車は、それ以前の軽戦車ないしは戦闘車にくらべて設計上の進歩にいちじるしいものがあったが、まだ設計上も製造技術上もかなり問題があり、その克服を目指して1940年7月にあらたにM3軽戦車の開発がはじまった。M2A4の最大の問題点は、装甲の強化による重量の増大が機動性の低下をもたらしたことにあり、M3ではその対策としてサスペンション最後部のアイドラーホイールをM2で採用した大型のものに換えて履帯の接地部分の長さを増やし、一応の解決を見た。また新規に導入したM5型37mm砲は、もともと同軸機銃と共にM20型砲架に載るように設計されていたが、発射の反動を吸収するリコイルメカニズムが長過ぎてM2A4の砲塔からはみ出すため、長さを短縮した新設計のリコイルシステムをもつM22型砲架を採用して問題を解決した。M2A4をM3に変身させる上での最後の難関は装甲だった。従来の厚さ1インチ（25.4mm）の前面装甲は敵の対戦車砲に打ち抜かれることがわかっていたから、厚さを増やして1.5インチ（38mm）としたが、そこまでやっても、まだ通常の距離で37mm対戦車砲に撃ち抜かれる心配があった。だがそれ以上厚くすればバランスが崩れ、今度は足回りにしわ寄せがきて負担に耐えられなくなる。それならこの厚さで我慢するしかないということになり、ようやく完成したM3軽戦車は、アメリカンカー＆ファウンドリー社で1941年3月から量産にはいった。その結果第二次大戦がはじまった時、M3はアメリカ製戦車としては記録的な数に達し、いつでも戦場に駆けつけられる態勢ができ上がっていた。

M3軽戦車の最初の生産分の100両には、リベットで組立てたD37812型と称する砲塔が搭載されていたが、これはピストルポートのかたちが少し違うだけで、事実上はM2A4軽戦車の砲塔と変わらなかった。ところが実弾を使ったテストで、この砲塔に重機関銃の弾丸が命中すると、その衝撃でリベットの室内側の頭がちぎれ飛ぶ場合があることが判明した。リベットの頭は寸法こそ小さいが、それが砲塔内を跳ね回れば乗員が負傷する可能性はきわめて大きい。そこで1940年12月に、表面を硬化した装甲鋼板を溶接して組立てたD38976型砲塔が採用されることになった。またM5型37mm砲も、砲身長さが5インチ（101mm）伸びた自動閉鎖式尾栓つきのM6型に進化した。主砲が載る砲架は、初期のM22型は砲尾の肩当て金具の凹みを砲手が肩にしっかり当てて俯角をきめるタイプだったが、それもガラリと変わってオーソドックスな歯車駆動式のM23型同軸機銃つき砲架になり、排出薬莢のガイドプレートも一緒に改善された。

上●騎兵の戦闘車とならんでアメリカ陸軍の歩兵も独自に軽戦車の試作をこころみたが、当然ながら両車は共通点が多かった。写真はわずか10両生産しただけで打ち切られたM2A1軽戦車。11両目から砲塔が2個あるM2A2軽戦車に切り替えられた。これは1936年度に第7師団第7戦車中隊に在籍したM2A1で、砲塔のあざやかなマークは師団徽章である。スポンソン（車体上部側面の張出し部）側面の識別マークは第1小隊の4号車という意味。砲塔に機関銃がないのは、当時は訓練時に取り外す習慣があったため。
(Patton Museum)

下●1940年にニューヨーク州で行われた大演習における第28戦車中隊のM2A2軽戦車。M2A1と違って砲塔が2個あり、それぞれに機関銃があった。この車両は砲塔側面が丸みをおびた初期型。
(US National Archives)

M3は、アメリカが第二次大戦以前に新型戦車の開発を怠り、既存の戦車の改良だけを続けた結果の産物で、そのため新鮮さがないかわり機構的にはきわめて健全で信頼性も高かった。さらにM3は装甲、武装、機動性のすべてにおいて、ソ連のT-26、ポーランドの7TP、チェコ/ドイツのPzKpfw 38（t）といったひと昔前の欧州の軽戦車に対して互角もしくは優位に立つことができた。しかし欧州ではスペイン内戦を境に戦車を大型化して装甲と武装を強化する流れが一気に加速して、各国とも第二次大戦がはじまる前に軽戦車に見切りをつけ、より大型で重量も5トン以上重い中型戦車を核に機甲軍を再編成する方向に動きはじめていた。その動向がフランスではソミュアS.35とシャールB1bisを生み、ドイツではⅢ号戦車PzKpfw ⅢとⅣ号戦車PzKpfw Ⅳを生んだ。最も過激な変化が起きたのはソ連で、スペイン内戦の教訓を汲んで歩兵の軽戦車と騎兵の巡行戦車が一気に廃止され、T-34が主力戦車の座についた。これら一連の動きにより、かつて1920年代から30年代にかけてイギリスとフランスがリードした世界の戦車設計技術は、第二次大戦が間近に迫るころには、斬新な発想に支えられたソ連とドイツに完全に牛耳られることになった。

1940年11月22日にヴァージニア州フォートベルヴォアで撮影された後期型のM2A2。砲塔の側面が折れ曲がった平面で構成され、しかも溶接の採用でなめらかな仕上げになっているのがわかる。(US Army MHI)

大戦の初期にはアメリカ陸軍は、彼らがかつて手本としたイギリスの戦車設計技術と戦術的運用術の影響から脱し切れずにいた。しかしこのころすでにイギリスの戦車は、前述のごとく設計的にはもはや世界の先頭に立ってはいなかったのである。その上アメリカ陸軍が採用した偏った戦車運用基本方針と、質より量に重点を置く設計方針が悪影響を与えて、アメリカの戦車は戦争の初期のみならず最終段階に至ってもなお、ドイツに対する立ち遅れをばん回できなかった。アメリカ陸軍は1941年にようやくその主力を軽戦車から中戦車に移す大方針を決定して、ぶかっこうなM3中戦車の生産に力を注ぎはじめたが、中戦車の生産が軽戦車のそれを凌ぐようになったのは1941年12月のことだった。そして翌1942年の春、ようやく真に近代的といえるM4A1シャーマン中戦車が出現したのである。

以上のごとく、事のなりゆきから欧州では不利な立場に立たされることになったM3軽戦車も、太平洋方面ではまったく状況が異なり、日本軍の主力戦車九五式軽戦車と九七式中戦車に対し優位に立つことができた。その状況はのちほど説明する。

M3スチュアートいよいよ戦場へ
The M3 Stuart goes to war

アメリカは1940年から41年にかけて表面上は孤立主義を貫いたが、フランクリン・ルーズベルト大統領は祖国が戦争に参入する時が間近に迫ったことを確信して、そのための準備を急いだ。当面の急務は単独でドイツ、イタリアを相手に戦っているイギリスの支援であり、そのために大統領は必要な軍需品を送る手立てを整え、それがはっきりし

対戦車砲で戦車を立派に撃破できることがスペイン内戦で立証されて以来、アメリカ陸軍は軽戦車の装甲の強化に力を注ぎ、次期新型軽戦車M2A3の装甲厚さを増すと同時に、サスペンション・ボギーの間隔を広げて重量の増大に対処した。写真は1939年11月14日、フォートジョージミードで訓練走行中のM2A3。間隔を広げたボギーの配置がよくわかる。砲塔の三角のマーキングは、この戦車が大隊本部に所属することを示す。(US Army MHI)

M3軽戦車は、1941年11月末にリビアの砂漠で「クルセーダー」作戦に参加して、はじめて実戦を経験した。これは砲塔に命中した直撃弾により使用不能になった第3王立戦車隊第7機甲師団所属のM3「CROSSBOW」(石弓)。同師団はロンメルのアフリカ軍団を欺くために各種の工夫をこらしたことで知られるが、この戦車の側面の細い骨組にキャンバスを張った垂れ幕のような偽装覆いもそのひとつであり、敵の偵察機が貨物輸送用トラックと見間違えることを期待したもの。この手の偽装覆いは戦闘開始前に大部分が取り除かれてしまったが、写真のスチュアートのように一部を残したまま戦ったものもあった。
(US Army MHI)

たかたちをとったのが1941年3月制定の武器貸与法だった。この動きに呼応してイギリスは武器の品目選びを目的とする調査団をアメリカに送ったが、こと戦車に関する限りアメリカにはM2A4軽戦車とM3中戦車しかなく、選択の余地は事実上存在しなかった。しかし1941年初頭の切羽詰まった状況のもとではそれで充分で、イギリス人は文句も言わずに直ちにM2A4軽戦車100両を発注し、最初の36両が1941年6月に完成して32両が英本土に、4両がエジプトに送られた。イギリス向けのM2A4はここまでで打ち切られたが、それはこのあと新型のM3軽戦車が入手可能になったからであった。

この時期アメリカには型式呼称の同じ戦車が2種類存在し、なにかと紛らわしかった。それがM3軽戦車とM3中戦車で、M3軽戦車は南北戦争の南軍騎兵隊司令官スチュアート将軍にちなんで「ジェネラル・スチュアート」、M3中戦車はこれも高名な南軍のリー将軍にあやかって「ジェネラル・リー」と呼ばれていた。このふたつと同じ範疇に属する中戦車には、ほかに英軍専用砲塔つきのM3中戦車と最新のM4中戦車があったが、きっと南軍一色では問題があると思ったのだろう、そっちの呼び名は北軍の勇将の「グラント」と「シャーマン」だった。これらはじつはいずれも愛称好きのイギリス人がつけたものでアメリカ陸軍はいっさい関与しておらず、だからアメリカ軍の兵士は戦争が終るまでほとんどこの種の愛称を知らなかったといわれる。しかし戦後これらの愛称を一般のアメリカ人が知るにおよんで一挙に知名度が上がり、あっという間に世界中に知れ渡ったのだった。

さて話を英軍に引き取られたM3スチュアート軽戦車に戻すと、英軍の立場からこの戦車を見た場合、戦車そのものに英国流の戦車設計方針あるいは戦車運用方針に則った面があったかというと、答えはノーだった。まず装甲が、米軍ではたしかに歩兵援護戦車として扱われていたにもかかわらず、マチルダなど英軍の重装甲の歩兵戦車にくらべてはるかに薄かった。また航続距離も英軍の巡行戦車にくらべると決定的に劣り、固い地面の上でもせいぜい75マイル(120km)、表面がやわらかい砂漠だとたったの45マイル(70km)しか走れなかった。だったらむしろもともと移動速度が遅く行動半径の小さい歩兵を直接援護するのに向いていたかというと、これがまたそうではなくて、技術仕様の上

ではむしろ巡航戦車寄りという、いかにも扱いづらい面があり、現に1941年にアフリカのリビア砂漠ではじめて戦闘に投入された時も、巡航戦車に近い役割を与えられたぐらいだった。では武装はどうかというと、その37㎜砲は通常の戦闘距離から相手の装甲を貫徹する能力においては英軍の2ポンド砲なみで特にすぐれているとはいえなかったが、榴弾を発射できるのが強みで、これが戦車以外の目標すなわち対戦車砲や歩兵を攻撃する時に大いに役に立った。

　1941年8月、英軍が入手したスチュアートを、彼らなりの使い方に合わせて部分的に改造する計画がスタートした。ところが10月までに改造項目が26点にふくれあがり、さらにエジプトの工場と英本国で実施した改造内容が食い違うという厄介な問題が起きた。改造項目のうち外から見てすぐわかるのはまずサンドシールド（砂塵の巻き上げを抑えるためのフェンダー）の追加があり、それから飲料水タンク固定用ラックの新設、食料貯蔵箱と毛布入れの追加、車体両わきのスポンソンの機関銃の撤去とそのあとを塞ぐ処置、砲塔内に立ったままでハッチが閉じられる折り畳み式フレームの追加などがあった。スチュアートにはもともと7.62㎜機銃が5挺もあって、そのうち車体両わきのスポンソンの2挺と車体前面の1挺がボールマウントされ、1挺は主砲と同軸で、残りの1挺が砲塔上のピントルマウントに取りつけられていた。しかしイギリスの戦車技術者はこれを過剰とみなしてスポンソンの機銃を撤去し、スポンソンの内部を物品置き場に転用した。そのほか室内全体を大幅に模様替えしてこまかい操作系や機器類を変更し、貯蔵スペースも拡大した。スチュアートに乗ることになったイギリス軍戦車兵たちは、中にはなかなかなじめずに困惑する者もいたが、信頼のおける走行装置には全員が例外なく感銘を受けた様子だった。実際1941年製のスチュアートは長年の積み重ねの成果で成熟の域に達し、なみのイギリス軍の戦車よりはるかに故障が少なく、よく走ったのである。英第7機甲師団の兵士たちがスチュアートを「ハニー」（可愛いやつ）と呼んだのも、それが理由だった。

「クルセーダー」作戦終了後、同作戦でこうむった甚大な損害の穴を埋めるべく、武器貸与法によりアメリカから最新型のスチュアートが急遽エジプトに送られた。写真は1942年3月、エジプト上陸後に軍の修理工場で改造を受け、円筒形の砲塔が取りつけられたスチュアート。このあと第7機甲師団に引き渡された。写真の砲塔はこのタイプとしては初期に生産されたもので、司令塔の前面に覗き窓がない。なお砲塔横の発煙弾発射器と車体側面の「日除け」（「日除け」は偽装用垂れ幕を指す英軍用語）固定用のフレームは、どちらも「クルセーダー」作戦終了後の産物である。(US Army MHI)

砂漠のデビュー戦
Desert debut

　1941年7月、輸送船に乗った84両のスチュアートがエジプトに到着した。輸送はその後も絶えることなく続き、同年秋には「デザートラッツ」（砂漠の鼠）の名で知られる英第7機甲師団第4機甲旅団の3個連隊すなわち第8アイルランド軽騎兵連隊と第3、第5戦車連隊がスチュアートへの転換を完了した。この3個連隊は同年11月、キレナイカを奪取してトブルクをロンメル軍の包囲の重圧から解放する「クルセーダー」作戦に参加して、はじめて実戦を経験することになったが、彼らのスチュアートは作戦開始時点で165両を数え、第7機甲師団にはこのほかにクルセーダー戦車を中心に287両の巡航戦車を擁する2個旅団があったから、師団全体では戦車の総数が453両に達した。これにさらに他の部隊の手持ちの戦車を加算すると、「クルセーダー」作戦を発動した時点でイギリス軍は700両近い戦車をもっていたことになり、それ以外に予備の戦車まであった。対するドイツアフリカ軍団の第15および第21戦車師団の戦車勢力は、同じく「クルセーダー」作戦開始時点でⅡ号軽戦車が77両、Ⅲ号戦車が145両、Ⅳ号戦車が38両の合計260両のみで、あとイタリア軍アリエテ師団の135両のM-13/40があるにはあったが、予備の戦車はなかった。

　1941年11月19日、ガブルサレー近郊で英軍第8軽騎兵連隊と独軍第21戦車師団第5戦車連隊シュテファン戦隊が正面衝突し、スチュアート軽戦車にとってはじめての戦闘が幕を開けた。この戦いは、第8軽騎兵連隊のスチュアートがドイツ軍に与えた損害がⅢ号戦車2両とⅡ号軽戦車1両だけだったのに対して、味方は20両が撃破された。そして翌日、持てるスチュアートのすべてを動員して終日激戦を繰り返した英軍第4機甲旅団の3個連隊は、夕刻までに動けるスチュアートを98両残すのみのきびしい状況に追い込まれた。この生き残ったスチュアートは翌22日午後、第4機甲旅団によるシディレゼグ飛行場争奪戦に参加したが、その夜英第8軽騎兵連隊と第4機甲旅団本部の野営キャンプがアフリカ軍団第15戦車師団の第8歩兵／戦車連隊に襲撃され、大混乱の末に英軍が制圧されて連隊長以下167名が捕虜となり、スチュアート戦車は7両が無事逃れたが、残りの35両はドイツ軍に抑えられてしまった。

　次の日曜日の11月23日、英第7機甲師団に危機が訪れた。前日に大量の戦車を失った上に、この日重ねて強力なドイツ2個戦車師団の猛攻撃に曝されたからである。結局この日1日の戦闘で、第7機甲師団の戦車勢力はスチュアート35両と巡航戦車40両にまで落ち込んでしまった。イギリス軍最強の機甲部隊をここまで追い込むことに成功したロンメルは、やや軽率とも思える強引な賭けに出て、11月24日、部隊をエジプト国境に差し向けて英軍の本拠をおびやかそうとしたが、無理がたたって大きな損害を出し、兵士が疲労困憊して攻撃の続行が不可能となった。その結果12月にはいってアフリカ軍団は後退せざるを得なくなり、結果的に当初の英軍の思惑通りにトブルクは救われたのである。

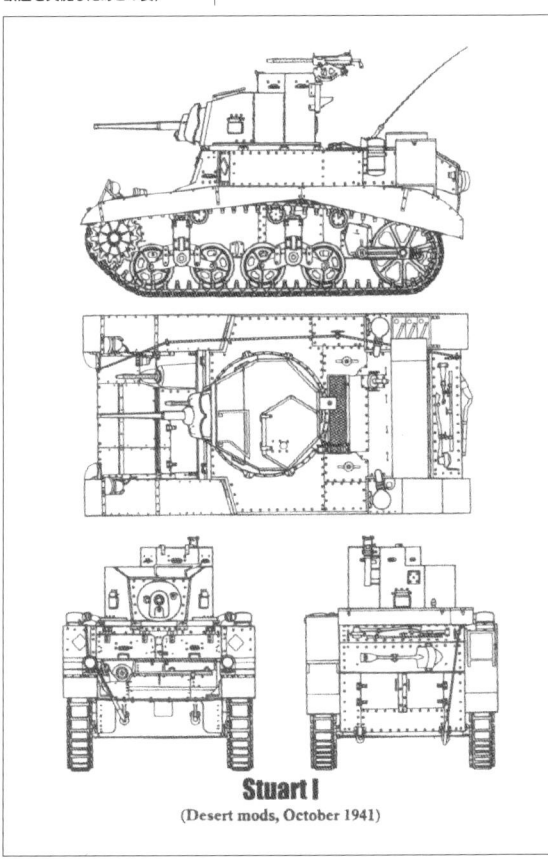

スチュアートⅠ
（1941年10月、砂漠戦闘向け改造を実施したあとの姿）

Stuart I
(Desert mods, October 1941)

この戦いの初期段階で、シディレゼグにおいてアフリカ軍団が英第7機甲師団を圧倒して際立った強さを見せた理由は、戦車の性能や主砲の威力の差よりも、そのすぐれた戦術によるところが大きかった。ドイツ軍は戦車の数では劣勢だったにもかかわらず、自軍の戦車と共に50mm対戦車砲PaK38やその後伝説化した88mm高射砲を巧みに併用して、戦術の冴えで相手を圧倒したのである。ロンメルは捕虜にしたイギリス軍将校を前にしてこう語ったといわれる。「君たちがたとえ我々の2倍の数の戦車をもっていたとしても、結果は同じだったろうね。わかるかね、この意味が。君たちの失敗は、戦車をひとつずつ順繰りに送り込んだことにあるんだ。だから私はそれを順番に撃破した。それだけのことさ。でもそうやって君たちが私に3個旅団をプレゼントしてくれたんだから、ここはひとつお礼を言わなきゃいかんと思うが、どうかね」

　この戦いで、スチュアート軽戦車とクルセーダー巡航戦車の対戦車戦闘能力の低さが露呈した。対戦車戦闘能力というと、とかく主砲と装甲だけに目が向きやすいが、それ以外の要素ももちろん存在する。アフリカの砂漠の戦いの多くの事例から判断して、総体的にイギリス軍戦車にくらべてドイツ軍戦車のほうがより厚い装甲と、より遠くまで届く主砲をもっていたのはたしかだが、この戦いではそれは勝敗の決め手にはならなかった。なぜかというと、第7機甲師団の「ハニー」ことスチュアート軽戦車の主砲はたしかに1500mの距離からIII号戦車の厚さ30mmの車体前面装甲を打ち抜く力をもっていたし、対するIII号戦車の50mm砲もほぼ同じ距離からハニーの厚さ38mmの前面装甲を貫通できたが、

Light Tank M3
(D37812 turret)

M3軽戦車
(D37812型砲塔つき)

Light Tank M3
(D38976 turret)

M3軽戦車
(D38976型砲塔つき)

Light Tank M3
(D39273 turret)

M3軽戦車
(D39273型砲塔つき)

Light Tank M3
(D58101 turret)

M3軽戦車
(D58101型砲塔つき)

この戦車戦のほとんどは1500mもの遠距離ではなく、敵味方が共に相手の射撃で簡単に傷つく近距離で行なわれたからである。しかも乱戦だったがために側面から撃たれるケースがかなりあったらしい。側面から撃たれたら英軍戦車だろうとドイツ軍戦車だろうと、弱みを曝すのは同じである。

　では何がドイツ側に有利にはたらいたのか。それを知るには主砲、装甲といった簡単にとらえやすい項目の陰にかくれた、もっと地味な要因に目を向けなければならない。ドイツ軍は、まず戦車の戦術的な運用に長けていた。また徹底的な訓練の成果で指揮と命令伝達にすぐれ、戦車自体もより戦闘しやすく設計されていた。ドイツ軍のIII号戦車がスチュアート軽戦車にくらべてより対戦車戦闘向きに設計されていたことは、その砲塔を見ればすぐわかる。III号の砲塔は車長と砲手と装填手の3人が入るように設計されていたから、車長は味方の戦車の動きに合わせて自分の戦車を適切に動かす最も大事な仕事に専念できた。またドイツ製戦車の潜望鏡は、まだまだ幼稚ではあったが測距儀の機能をもつ点ですぐれていたし、主砲の俯仰角調整に歯車機構を用いたために、射撃のあと次の

騎兵のM1A1戦闘車は、歩兵のM2A3軽戦車にならって装甲の厚みが増え、サスペンション・ボギーの間隔も広がった。写真は訓練中の第1騎兵連隊C中隊のM1A1。1940年5月に撮影。
(US National Archives)

射撃にそなえて直ちに照準を微量修正することが可能だった。

その点M3軽戦車はどうだったか。M3の最大の欠点は、車長が砲手を兼務する点にあった。車長は砲の照準を定めるには望遠鏡式の照準器を覗かなければならないが、その合間に本来の車長としての義務を果たすため外を見ようとしても、ピストルポートからチラッと覗き見するのが精一杯で、それ以上は無理だった。もっともイギリス軍は早くからこの欠点に気づいて、乗員の役割に融通性をもたせることでなんとか解決しようと努力した。どうするかというと、いざ戦闘になったら車長は砲塔内で後方に下がって、司令塔から吊り下げた跳ね上げ式の小さな椅子に座り、入れ替わりに副操縦手が前方の座席から砲塔内左側に移動して砲手の役をつとめるのである。この吊り下げ椅子が具合が悪いため、1941年10月にもっと身体を固定しやすいオートバイシートに似た座席が導入されることになったが、「クルセーダー」作戦に参加したスチュアートのうちいったい何両がこの改造を受けていたかはさだかでない。ただこの改造も善し悪しで、なにしろスチュアートの砲塔は小さいから、車長の椅子を少しでも立派なものにすると、それと引き換えに砲塔内がますます混雑する傾向があった。車長の椅子のことばかり説明したが、彼以外の装填手と、前方から下がってきた臨時の砲手は砲塔の中でどうするかといえば、椅子なんぞは最初からないため、戦闘室の中央を貫通するプロペラシャフトのトンネルにかぶさるようにしがみつくしかないのだった。

スチュアートの砲塔は、把手つきの丸ハンドルを手で回して旋回させる構造になっていたが、このハンドルがどういうわけか砲塔の右側、つまり装填手側についていた。イギリス軍はこれを嫌って、改造して反対の左側に移したが、それでスチュアートが射撃がしやすい戦車になったかというと、そんなことはなかった。それで結局のところスチュアートの乗組員は、射撃する時はまるで突撃砲のように砲塔をまっすぐ前向きに固定したまま戦車全体を目標方向に直進させ、主砲の照準の最後の微調整のみをM22型砲架の微小回転で

まかなう方法を好んだ。初期のスチュアートの37mm砲は、砲身の後尾の肩当て金具に肩をしっかり押し付けて俯角をきめるよう設計されていたから、射撃の着弾状況を見て次の射撃の照準を微小修正するような洒落た真似は不可能だった。またずっとあとのM5A1まで、スチュアートの照準器は望遠鏡式で距離測定機能が組み込まれていなかったが、これも実戦では不利だった（その反面、エジプトの工場で取りつけたフィリップス社の車内通話システムを使って車長が他の乗員と通話できるという、進歩した一面もあったが、これは射撃の精度とは直接関係がない）。このころのイギリス軍では、まだ走りながら射撃するのが正規の方法とされていたが、スチュアートの乗員たちはできるだけスピードを上げてぎりぎりまで敵に接近してそこで急停車し、間髪を入れずに射撃するのが最善の方法であることをよく心得ていた。

英軍の戦車は概してⅢ号戦車より信頼性が低かったが、同じ英軍戦車同士の比較では、スチュアートのほうが巡航戦車よりも信頼がおけた。英第4機甲旅団長によれば、「クルセーダー」作戦中に機械的故障で動けなくなったスチュアートは12両にすぎなかったそうだが、実際「砂漠の鼠」すなわち第7機甲師団が戦いの後半に至ってもなお戦場でまともに活動できたのは、ひとえにスチュアートの走行機構のすぐれた信頼性のおかげだった。しかしいかに機械的信頼性が高かろうと、航続距離の短さがその長所を台なしにした。給油のために頻繁に停止して旅団全体の敏速な移動を妨げたり、どこも故障していないのに遺棄されたりしたのは、全部スチュアートの航続距離の短さがもたらした弊害だった。1941年度に無傷のスチュアートがドイツ軍に大量に捕獲されたのも原因は同じだったが、捕獲といえば1942年前半にも相当数のスチュアートがドイツ軍の手に落ち、ガザラやエルアラメインの戦いで10ないし12両のスチュアートがM3 747 (a)戦車と銘打って使用された。

英軍のスチュアートは1942年1月までは引き続き戦車戦に参加したが、「クルセーダー」作戦終了後により強力なM3リー、M3グラント両中戦車がエジプトに姿を見せはじめ、機甲連隊の編制替えが徐々に進んで、やがて1個連隊にスチュアートを保有する1個中隊とグラントを保有する2個中隊が共存するようになった。それでも1942年春のガザラの戦車戦とエルアラメインの攻防戦までは、曲面構成の砲塔外壁に新型視察ポートをそなえた中期生産型のM3を揃えた中隊が12個の機甲連隊にまだ残っていたが、もうこの時期になると次々と投入される新型戦車を前にして、スチュアートの影は薄れるばかりだった。そして1942年夏にM4A1シャーマン中戦車が到着しはじめるとそれが決定的になり、スチュアートは最前線の中隊から引き揚げられて、偵察任務にまわされてしまった。そん

戦闘車の最終モデルとなったM2。背の高い砲塔を特徴とする。ちょうどヨーロッパで戦争がはじまったころ、装甲強化による重量増加の弊害を打ち消すために、画期的な新機構が採用された。それがこの写真にも写っている接地型リヤ・アイドラーホイールであり、スチュアートの軽快な走りと高い信頼性はこのメカニズムに負うところが大きい。写真は1941年8月、テネシー州で開催された大演習に参加した後期生産型のM2を示し、M2A1戦車から採用された防弾型覗き窓「プロテクトスコープ」がドライバーズハッチに取りつけられているのがわかる。この写真は、全戦闘車が新編成の機甲部隊に編入され、M2の呼称が「M1A1軽戦車」となった直後に撮影されたもので、星ふたつの将官旗からわかる通り、第2機甲師団長ジョージ・S・パットン少将の専用指揮車である。
(US National Archives)

騎兵のM2戦闘車と平行して開発された歩兵のM2A4軽戦車。アメリカの軽戦車一族の中では最初に37mm砲を装備し、砲塔ものちの初期型スチュアートに非常に近い形をした、進歩的な車両だった。ただしリヤ・アイドラーホイールはまだ旧型で、小径でしかも高い位置にあり、M2のような接地型になっていなかったところ。「BLIZZARD」と名付けられたこのM2A4は1942年8月、第1海兵戦車大隊A中隊と共にガダルカナル島に上陸した。写真はその直前、吊上げて輸送船から上陸用舟艇に移されるところ。A中隊はM2A4とM3の2種類の軽戦車を使用したが、第二次大戦でM2A4が戦闘に参加したのはこの時だけであった。
(US Marine Corps)

なふうに格下げはされたが捨てられたわけではなかったので、1942年秋に英軍がエルアラメインで攻勢に転じた時、第8軍にはまだ全軍の戦車の11パーセントにあたる128両のスチュアートが残っていた。

　武器貸与法によりM3軽戦車を大量に受領したイギリスに次ぐ2番目の受益国はソビエト連邦だった。1941年10月13日に最初のソ連向けアメリカ製戦車がPQ.2A船団に積み込まれてイギリスを出港し、北海経由で12月にソ連に到着してM3軽戦車とM3中戦車併せて180両がソ連陸軍に引き渡された。ソ連はM3軽戦車の取り扱いに戸惑った様子だったが、無理もなかった。ソ連の基準からすればM3軽戦車はあまりにも武装が貧弱で最初からドイツIII号戦車やIV号戦車の敵ではなく、また燃料のガソリンにすぐ火がつく始末の悪い戦車だったからである。しかもソ連の使用ガソリンが70オクタンだったのにスチュアートは80オクタンで動くように設計されていたから、1943年に点火時期調整装置が導入されるまではエンジンの燃焼室にすぐカーボンが堆積して出力がガタ落ちになった。またアメリカが当初戦車と一緒に徹甲弾しか供給しなかったために、敵の歩兵や対戦車砲と対決した時にせっかくのM3の長所を発揮できなかった。ソ連以外ではブラジルにも1941年8月に少数のM3軽戦車が供給されたほか、お膝元のアメリカの海兵隊が1941年度に50両のM3軽戦車を受領している。

太平洋戦線の活躍
First combat in Asia

　アメリカ陸軍は1941年9月、フィリピンに駐屯する防衛軍を強化する目的で、108両の真あたらしいM3軽戦車と共に急ごしらえの臨時編成戦車部隊を派遣した。アメリカがM3を直接海外に展開させたのはこれが最初だったが、そのM3と共に一路マニラに向かった第192および第194戦車大隊は、過去にM3を扱った経験が皆無に近く、そのうえ実弾の供給を受けたのが戦争開始の数日前という慌ただしさだった。日本軍の主力は1941年12月末にマニラ北方のリンガエン湾に上陸を開始し、その直後に米軍戦車が反撃に向かった。12月22日に、日本軍戦車第4連隊の九五式軽戦車がダモルティス近郊をパトロール中の米第192戦車大隊のM3軽戦車を待ち伏せ攻撃したのがきっかけとなって初の日米戦車同志の戦いとなり、日本側は戦車第4連隊が先頭に立って攻撃をかけ、アメリカ側は歩兵が先頭に立って戦車が後方に下がる態勢で応戦した。米軍部隊は首都マニラに向けてじりじりと後退しながら戦い続け、その間夜陰に乗じてバリウアグの町でスチュアートが至近距離から九五式軽戦車を8両撃破した。

　フィリピンに送られた米臨時編成戦車隊は、現地の司令部が戦車の知識に欠けていたため力を削がれる結果になったが、それでも米軍がバターン半島へ後退する際何両かの生き残りのM3軽戦車が後衛をつとめるなど、勇敢に戦った。1942年4月7日にフィリピンにおける最後の戦車戦が行なわれ、バターンでM3が日本戦車2両を撃破した。日本は最終的に31両のM3軽戦車を拿捕したと発表し、そのうちの1両をフィリピン攻略の最終局

面となったコレヒドール攻防戦に投入した。

　フィリピンの戦いが終って間もなく、アジアの別の場所でM3スチュアートが戦闘に参加した。日本軍は1942年2月にマレー半島で勝利をおさめるとすぐ鉾先を転じて3個戦車連隊を先頭にビルマに侵入し、この動きに対して英軍は急遽北アフリカから第2戦車連隊と第7軽騎兵連隊を引き抜き、第7機甲旅団を編成してビルマに送り込んだ。このうちスチュアート軽戦車を装備する第7軽騎兵連隊は後退する英軍の後衛の役をつとめ、その過程で日本の戦車第14連隊とも交戦した。同軽騎兵連隊が最後にインドの味方防御最前線に辿り着いた時は、スチュアートがわずか1両しか残っていなかった。日本軍は結局国境の手前で前進を阻止され、インド侵攻の夢は果たせずに終わった。

1940年の機甲軍の誕生にともなって、アメリカ陸軍の戦車部隊の規模が一気に拡大した。写真は新生機甲軍の大黒柱となった、リベット組立てのD37812型砲塔をもつM3軽戦車の初期生産型。このタイプからM2A4軽戦車と類似の跳ね上げ式新型ピストルポートカバーがつき、主砲の砲架も新型に変わった。砲塔の37mm砲は、通常は生産ラインを離れたあと戦車を政府直轄の工廠に運んでそこで搭載されるが、写真の第1機甲師団所属のM3の場合はそれが時間的に間に合わず、大砲の形をしたダミーを載せて大急ぎで1941年度の大演習に参加したもの。これはそのM3がキャトーバ河に渡した臨時架橋（ポンツーン）を渡っているところ。
(US National Archives)

M3 development continued
改良進むM3

　1941年3月、均質圧延鋼板を使ったM3軽戦車の3番目の改良型砲塔D39273の試作がはじまった。この新型砲塔の狙いは、表面硬化処理鋼板を使えば厚みが1.25インチ（31.6mm）になるところを、1インチ（25.4mm）ですますことにあった。この砲塔は以前平面の組み合わせだった側壁が曲面構成となり、左右のピストルポートが防弾型のプロテクトスコープに変わったため旧型とは容易に識別できたが、試作完了後も車体前方の操縦手と副操縦手用のハッチに砲塔と同じプロテクトスコープがついたり、リヤ・フェンダー上のエアクリーナー後方に新設計の雑具箱が固定されるなど、生産の直前までこまかい変更が続いた。生産は、1941年10月に開始された。イギリス陸軍の要求にもとづく、砲塔上の司令塔（キューポラ）に車長専用の旋回式視察潜望鏡を設ける設計変更は、生産開始に間に合わせる約束だったのについに間に合わず、そのため車長の視界は昔のままとなって改善の望みは断たれた。D39273型砲塔は160個生産されたあと司令塔に視察スリットを4カ所追加する設計変更を受け、その砲塔をそなえたM3が1941年11月から1942年2月までの間に1200両も生産された。このM3はイギリス軍にも供給されて、1942年春

に北アフリカの戦場で戦闘に参加した。

　アメリカは、自国の陸軍への供給と武器貸与法による諸外国への供給というふたつの義務を果すべくM3軽戦車の増産に真剣に取り組んだが、エンジンの供給がネックとなって生産は思うように伸びなかった。それはM3のコンチネンタルW-670星形エンジンが軍用航空機にも使われていたことに原因があり、その打開策としてガイバーソンT-1020ディーゼルエンジン搭載の「M3（Diesel）」軽戦車が登場して陸軍兵器局の許可のもと、ガソリンエンジンのM3と同じアメリカンカー&ファウンドリー社の工場で1941年7月から生産にはいった。この「M3（Diesel）」は、エンジンとエアフィルターを結ぶエンジンルーム上の配管が多少違う程度で、外観がガソリンエンジンのM3とほとんど変わらず、M3シリーズの総生産台数の22パーセントに相当する1285両が生産されたが、受け取った部隊はあまりいい顔をしなかった。兵器局はこれを開発時の技術的な煮詰めの甘さと、工場での検査不十分が原因だと説明したが、それはそれで本当だったとしても、もうひとつ別の大きな問題があった。つまり陸軍そのものが、ガソリンエンジンつきとディーゼルエンジンつきの2種類のM3の併用にとまどったのである。これは他のすべての軍用車両がガソリンで動いているところに軽油を使う戦車が入ってきたらどうなるか、考えてみればすぐわかることだった。それで結局1942年3月に軍務局長が通達を出して、ディーゼルエンジン搭載のM3軽戦車を燃料の供給に特に支障のない国内訓練に使うことでけりがついたが、ディーゼルエンジンつきの上陸用舟艇を大量に保有する海兵隊だけは、喜んで「M3（Diesel）」を受け入れた。

　M3の、改造順でいくと4番目で同時に最終型となった砲塔は、1941年夏に設計がスタートした。その開発の初期段階に、米機甲軍が砲塔上の司令塔を残すべきだと主張したのに対して、米国駐在の英軍事顧問団が司令塔を廃止して代わりに車長専用潜望鏡を取りつけるよう要望するという厄介な問題が持ち上がった。しかし英軍が口先だけでなく、実際にこの提言と平行して自分たちの手持ちのスチュアートにヴィッカーズ製の潜望鏡を取りつけはじめたことがきっかけとなって、1942年1月についに司令塔を廃止して砲塔上面のハッチを2個に増やし、装填手の脱出を容易にする方針が決定した。これがD58101型砲塔で、一見以前のなめらかな側壁をもつD39273型砲塔から司令塔を除いただけのように見えるが、それ以外に側面のプロテクトスコープの位置も少しずれていた。米軍が「流線形砲塔」あるいは「扁平砲塔」と呼び習わしたこのD58101型砲塔が生産準備段階にあった時に、その横で、のちにM3A1軽戦車に載せられて脚光を浴びることになるより洗練された次期新型砲塔の設計を陸軍兵器局がどしどし進めたために、その新型砲塔には使うが

長目のリコイルシステムがついた37mm砲M5が、同軸機銃と一緒にM2A4軽戦車と共通のM20型砲架に架装されたところを撮影した写真（このリコイルシステムは長過ぎて後に廃止された）。砲手は手前に見える肩当てに身体を押し付けて俯仰角を調整する。また砲塔を旋回させたあと砲口を左右に微小角動かして最終的に狙いをつけられるよう、砲を垂直軸のまわりに数度回転させることができる。M3軽戦車に採用されたM22型同軸砲架も、外観がこれとそう違わない。
（Patton Museum）

D58101には必要ないものがD58101に組み込まれるという、これまた厄介な事態となった。それはたとえばM3A1のために準備された、砲手用の照準潜望鏡と車長用の旋回式展望潜望鏡両方の取りつけ穴があいた砲塔ルーフパネルがそのままD58101に流用され、D58101には潜望鏡がないから穴を塞がなければならない、といった種類のこまかいことだったが、とにかくこのような混乱を伴う煩わしさを克服して、最終型砲塔つきのM3軽戦車の生産が1942年2月に無事スタートした。

1942年4月、アメリカ陸軍地上軍管理局が、砂漠戦訓練センター駐在の軍司令部付戦車大隊にこの最終型砲塔の評価を依頼した。ところが同年9月に届いた報告書には「この新設計の砲塔は戦闘室としてはあまりにも狭く、そこに入った車長と砲手の身体がぶつかりあって互いに自由を束縛し、動作が極端に緩慢になるため、事実上役に立たない。また上面の2個のハッチはどちらもあまりに小さくて、素早い出入りが不可能である」という、なんともきびしい批判の言葉が並んでいた。砂漠戦研究委員会も、この砲塔の採用を見合わせるか、さもなくばアメリカ軍部隊への配備を避けるよう強く勧告した。そんなことをしている間にもこのD58101型砲塔をそなえたM3は、少しずつ海兵隊と陸軍の戦車部隊に引き取られていったが、やはりきびしい評価の影響で、最終的にはほとんどが国内訓練用と武器貸与法に

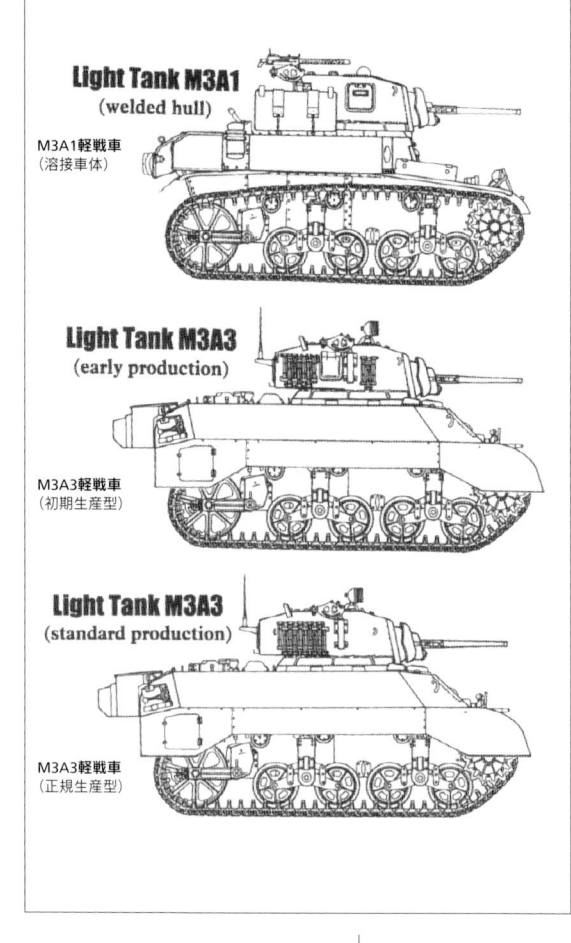

による外国への供給に振り向けられた。この砲塔をそなえたM3軽戦車は、本来なら1942年5月、その次の新型車であるM3A1軽戦車の生産開始と同時に生産停止になっていいはずだった。しかしM3A1軽戦車の砲塔バスケットなどの新機構に対してイギリス軍が強い不満を表明したため、M3A1と平行するかたちでM3の生産がしばらく続き、1942年8月になってようやく中止された。この不本意ながら続いた最後のM3は、全車が武器貸与法による外国への輸出に回されたが、平行生産の恩恵で、溶接構造の車体をはじめM3A1の進歩した構造がいくつか取り入れられた。そのためM3A1と最終生産型のM3を外見だけで見分けるのはむずかしく、スポンソンの機関銃もしくは機関銃座の有無（もともとスポンソンに機関銃があるのがM3だが、機関銃が取り払われて銃座だけ残っている場合もある）で判断するしかない。イギリス軍はこの最後のM3を、昔のM3とあたらしいM3A1がごちゃ混ぜになっているという意味で「スチュアート・ハイブリッド」と呼んだ。

砲塔を近代化したM3A1
Improving the turret: the M3A1 Light Tank

M3軽戦車の次の改良ステップは1941年8月に開始された。今回もまた台風の目となったのは砲塔だったが、今度は従来と異なりかなり大掛かりな改造で、新型戦車をM3A1と銘打つにふさわしい内容が盛られ、その中心となったのが、アメリカ陸軍兵器局が開発した各種の射撃統制システムを一本にまとめた「集中戦闘室」構想だった。陸軍はそれま

での研究から、主砲に安定システムを付加すれば走行中でもかなり正確な射撃ができることを知って、M3軽戦車のM23型同軸機銃つき砲架にウエスティングハウス社製の垂直回転軸方式のジャイロスタビライザーを取りつけ、同時に「オイルギヤ式」と称する油圧でギヤを回転させる動力システムを導入して砲塔の回転を速めようと試みた。ところが意外なところに落とし穴があり、動力式の砲塔が乗員にとってかなり危険な装置であることが判明した。砲塔が回転する時、後部のエンジンと前方のトランスミッションをつなぐフロアー上のプロペラシャフトトンネルが邪魔して、乗員が砲塔の動きに合わせて素早く身体を移動させることができないのである。結局この問題を解決するには砲塔バスケットを採用するしかなく、併せて車内弾薬貯蔵庫も設計変更しなければならなかった。

こうして完成したD58133型砲塔は、旧型のD58101型砲塔とはバスケットの有無以外そう違わず、内部の装置類も少し違うだけだったが、乗員のポジションは大きく変わった。まず車長が右側に移動して装填手の仕事を兼務することになり（以前は左側で砲手を兼務）、同時に専用の旋回式潜望鏡が使えるようになって、周囲の視察が飛躍的に楽になった。次に従来通り左側に位置する砲手には（この砲手は専任の砲手）、改良型砲架と機械的に連動する潜望鏡式照準器が与えられた。M3A1のその他の特徴としてはインターコム（乗員間相互通話装置）が標準装備になったこと、従来スポンソンから突き出ていた2挺の機関銃がほとんど効果なしと判定されて撤去されたこと、撤去したあとの開口部が円形の鋼板で覆われたこと（後期生産型のM3A1は最初から開口部がない）が挙げられる。M3A1軽戦車の量産1号車は、1942年7月に完成した。

M3A1軽戦車にはあとひとつ、車体に関する新機軸があり、それは溶接構造の車体の採用で、最初に実験生産車が1942年1月に完成したあと、同年夏から本式の生産に移行した。前述のごとくM3が一時期M3A1と平行して生産されたため、この新機軸の車体は最終生産型のM3にも適用された。

車体を大幅に改良したM3A3とM5
Improving the hull: the M3A3 and M5 Light Tank

航空機と戦車が同じエンジンを共用することから生まれる問題を徹底して排除すべく、アメリカ陸軍は1941年夏にM3軽戦車を1両選んで、2基のキャディラックエンジンをハイドラマティック・トランスミッションに結合させた試作パワーユニットを搭載し、走行実験を開始した。その試験成績からこの組合わせを有望と見た陸軍は、パワーユニットと同時に、より広い室内空間を確保できる新設計の溶接組立ての車体を採用する決心をかため、あらたにM4軽戦車と名付けて1941年11月から本格的な開発にとりかかった。M4は、砲塔はM3A1そのままだったが、駆動系の変更でトンネルが低くなって室内配置の見直しが可能になり、それが乗員スペースの拡大にさらに貢献した。M4軽戦車の開発は1942年4月に実用テストの段階まで進んだが、その時点ですでに開発が終わりかけていた先輩格のM4中戦車との混同

を避けて、型式がM5に変わった。M5の量産はジェネラルモータース社のキャディラック自動車事業部で1942年4月から、またマッセイハリス社でも同年7月から、それぞれスタートした。

　陸軍はこのM5の開発の途中で、当時まだアメリカンカー&ファウンドリー社で生産が続いていたM3系軽戦車の車体にもM5と同種の、内部空間を拡大する変更が適用できるかどうかの検討に着手し、それが実をむすんで生まれたのがM3シリーズの最後のモデル、M3A3だった。M3A3はM5と類似のグレイシスプレート（前面傾斜装甲板）と、M5にはない傾斜のついた側面装甲板をもち、さらにイギリス軍の要求に沿って砲塔にバスル（後部の突き出し）が追加されてその内部に車長用の無線機が設置された。M3A3は試作車が1942年8月に完成し、アメリカンカー&ファウンドリー社で量産がはじまったのが1943年1月だった。

　アメリカ陸軍が1942年秋に実施したM3A3、M5両軽戦車の広範囲な比較テストで、M5はM3より高く評価された。M5にはキャディラックエンジンとハイドラマティック・トランスミッションによる機動性の向上という強力な切り札があるのに、M3A3には砲塔バスル以外特別な長所がなかったから、これは当然のなりゆきと言えた。そしてもうひとつ当然のことに、M3A3のバスルが1942年9月からM5にも適用され、その結果型式がM5からM5A1に変わった。陸軍はM5とM5A1を陸軍の制式軽戦車として温存するいっぽうで、M3A3は全車外国への貸与に回した。1943年9月にM3A3の生産が終了すると、アメリカ

M3軽戦車は生産開始後に砲塔が溶接組立のD38976型に切り替わったが、この溶接砲塔はそれまでのリベット組立方式が溶接に変わっただけで、それ以外は旧型砲塔と変わらなかった。写真は1941年12月18日ジョージア州フォートベニングで撮影された第2機甲師団所属のM3とそのクルー。手前に並べられた弾薬、交換部品、補給部品はすべてこの戦車の常備品である。こんな小さな戦車に、よくもまあこれだけの人間と品物が収容できるものだと感心する。この角度から見たのではどっちかわからないが、この当時の第2機甲師団の軽戦車は大部分がディーゼルエンジンつきだったから、この車両もそのひとつに違いあるまい。ディーゼルエンジンのM3は寒冷時のスタートが厄介で、そのため兵士たちの間で人気がなかった。
（US Army MHI）

M5軽戦車は1942年11月、第70戦車大隊（軽）と共にアフリカに送られて、初の実戦を経験した。写真は1943年1月にカサブランカを訪れたルーズベルト大統領の閲兵を受ける同大隊のM5。「トーチ」作戦にしたがってアフリカに上陸する際米軍が全車両に施した星条旗のマーキングが、まだそのまま鮮明に残っている。
(George Balin)

ンカー＆ファウンドリー社の生産ラインは全面的にM5A1に切り替えられ、その後同社は合計3カ所の工場でM5A1を生産するようになって、1944年初頭に生産のピッチがピークに達した。その後1944年6月に生産が終了すると、これらのラインは直ちに新型軽戦車M24チャフィーの生産に切り替えられた。

　かつてM3の砲塔が夥しい数の設計変更を受けたが、その点はM3A1以降の砲塔も同じだった。最初にM3A3とM5A1の初期のモデルに残っていた砲塔側面のピストルポートが早めに消滅して、二度と復活しなかった。1942年10月には、7.62mm機銃用の防盾つき折り畳み式ピントルマウントが砲塔右側に固定された最終型の砲塔、D59965が完成した。砲塔以外ではピントルマウントとほぼ同時期に、車体後部に固定する新設計の部品格納箱も完成して、これを搭載した車両が1943年7月から生産ラインを流れた。さらに太平洋戦線における日本軍との戦いで、サスペンションの転輪のスポークとスポークの間の隙間に鉄棒を突っ込まれてM3軽戦車が立ち往生した苦い経験を活かして、まず現地でホイールの孔を個別に薄い鋼板で塞ぐ応急対策がとられ、次にメーカーのケルシーヘイズ車輪製造会社が工場でプレス成形の一体型カバーをつくってかぶせたホイールがラインを流れ、最後に恒久対策として孔なしの新型ホイールC107926が適用された。

　アメリカ陸軍は1941年3月、M3軽戦車に代わるべき次期新型軽戦車M7の開発に着手した。M7は当初重量が16トンで、37mm砲と、ドイツの37mm対戦車砲に負けない装甲をそなえていたが、戦争の進展につれてドイツ軍がより強力な対戦車砲をもっていることがわかり、その対抗策として装甲を強化せざるを得なくなった。また主砲もイギリスの6ポンド砲をベースにした57mm砲へと格上げされ、それがさらに75mm砲に強化されるにおよんで重量が16トンから一挙に28トンに増え、当然ながら機動性が著しく低下した。しかし陸軍がそのまま1942年12月に量産を強行したため、大問題に発展した。アメリカ機甲軍が、M7の配備を真っ向から拒絶したのである。機甲軍は兵器局に対して、軽戦車でありながらM4シャーマン中戦車より重く、それでいてほとんどすべての点でシャーマンに劣るような戦車はあきらかに当初の開発目標を逸脱した失敗作だと強く主張し、陸

軍管理局もこの見解を支持したため、M7軽戦車の生産は30両を以て打ち切られてしまった。この事件は設計技術面での失敗というよりも、誤った戦術思想がもとでひき起こされたものだった。1941年ないし42年当時のアメリカ陸軍は、まだ軽戦車なるものが、戦場で歩兵の援護や対戦車戦闘に充分威力を発揮する兵器だと信じて疑わなかったのである。そして1943年に起きた北アフリカの戦闘で、アメリカ陸軍のこの考えが間違っていたことが、はっきりと証明されたのであった。

後部に無線機を格納するバスル（張出し）が追加されたM3A3用の大型砲塔は、そのまま新型軽戦車M5A1に引き継がれた。写真はそのM5A1の標準生産型。砲塔頂上の対空射撃用ブラケットつき機銃マウントは、あとから追加したもの。(US Army MHI)

specialized stuart variants
スチュアートから発展した自走砲

　M3、M5軽戦車をベースにして、砲塔を撤去した偵察専用車をはじめ本格的な自走砲に至るまで各種各様の改造車両が生まれたが、工場である程度まとまって量産されたのはたったひとつ、75mm自走榴弾砲M8だけであった。M8の歴史は、いずれ軽戦車大隊にも強固な敵固定陣地を破壊するための道具が必要になるとの予測にもとづき、アメリカ陸軍が1941年6月にM3のシャシーに75mmおよび105mm榴弾砲を載せた自走砲をつくらせたことからはじまった。このうち75mm自走砲はT18の呼称を与えられた試作車が1年足らずで完成したが、M3の砲塔を取り去ってそこに75mm榴弾砲を置いたまではよかったが、砲の旋回装置もなければ砲を取り囲む防弾装甲もない設計だったため著しい不評を買い、1両つくっただけで見捨てられてしまった。しかしT18のプロジェクトが完全に打切られる前に、入れ代わりに同じ75mm砲を搭載した別の自走榴弾砲T41が登場し、今度は少々不細工だが立派に砲塔があった。T41は最初の計画ではM3軽戦車のシャシーを使うことになっていたが、すぐにそれがM5軽戦車に変わった。T41の75mm M1A1短砲身榴弾砲が載るM7型砲架はコンパクトで、軽戦車のシャシーとは相性がよかったが、オープントップの砲塔は全体に大型でM5よりずっと直径が大きい旋回リングを必要とし、それが操縦席の上まで張出したためにハッチがつぶされて、代わりに前面傾斜装甲板にベンチレーションを兼ねた小型のハッチが新設された。このT41型自走砲の開発は順調に進んで

1942年11月に北アフリカではじめて実戦を経験した米軍軽戦車大隊の多くは、M3とM3A1の混成部隊だった。写真は設計順でいうと3番目にあたる丸型砲塔D39273の載る第1機甲師団所属のM3軽戦車の勇姿。1943年にチュニジアのマクナシー付近で作戦行動中に撮影されたもの。この写真からわかるように、英軍が早々に撤去したスポンソンの機関銃を、米軍は後生大事に温存した。(US Army MHI)

1942年5月に「M8 HMC」[訳注1]の正式呼称が与えられ、ジェネラルモータースのキャディラック事業部で1942年9月から1944年1月まで生産された。M8はノルマンディの戦闘に相当数が投入され、はじめて実戦を経験したが、このころはもう軽戦車大隊が珍しい存在になりかけた時期で、そのため騎兵偵察中隊の火力援護という名目で機甲師団の偵察中隊に8両ずつ、また機甲師団以外の独立の中隊には6両ずつが割り当てられた。

M8 HMCは普通のスチュアート軽戦車と異なり、第二次大戦中武器貸与法により海外に供給された分がごく少なかった。そのほとんど唯一ともいえる対象がフランスで、その理由は自由フランス軍機甲部隊がアメリカ軍の組織をそのままとり入れたからだった。M8のほかにM5軽戦車のシャシーに105mm榴弾砲を載せたT82自走砲も試作されたが、完成が1945年とあってはもはやこの種の車両をのぞむ声もなくなり、生産は見送られた。

訳注1：HMCはHowitzer Motor Carriage（自走榴弾砲）の略。

the M3 and M5 in combat

M3とM5、その後の戦績

北アフリカ
North Africa

M3スチュアート軽戦車は、英軍は1942年の夏以降偵察行動にしか使わなくなったが、それと同じ時期に米軍の機甲師団では依然として主力戦車の座を占めていた。1942年の米陸軍の組織では、1個機甲師団内に2個戦車連隊があり、1個連隊の中に2個中戦車大隊と1個軽戦車大隊を置くのが正規だった。またこれとは別に、師団本部付の独立の軽戦車大隊が存在した。

米陸軍は1942年11月に発動された「トーチ」作戦にしたがって北アフリカに上陸したのち、フィリピン以来はじめてM3軽戦車を実戦に投入した。米軍は上陸直後にモロッコでヴィシー・フランス軍と小競り合いを演じ、その時サンルシアン近郊で少なくとも1回、米第1機甲師団第13機甲連隊とフランス軍のルノーR.35装備の軽戦車中隊が戦闘を交え、米軍のM3軽戦車1両が損傷し、対するフランス軍が14両の戦車を失った。続いて11月

エジプトに到着したM3軽戦車は、現地部隊に引き取られる前に、英軍管轄の修理工場で各種の改造を受けた。「クルセーダー」作戦の初期段階にドイツ第5戦車連隊により撃破された、英第8アイルランド軽騎兵連隊所属のM3「BELLMAN」のこの写真にも、サスペンションが巻き上げる砂塵を抑えるサンドスカート、車体の上の追加雑具箱、車体側面の偽装用「日除け」固定枠など、エジプトで取りつけられた各種の付属品がはっきり写っている。（The Tank Museum）

25日、今度は新型のM5A1軽戦車を装備する新編成の第70戦車大隊(軽)がラバ近郊でフランス軍とごく短時間接触し、その間に戦車1両と対戦車砲1門を失ったかわりにルノー戦車数両を撃破した。

緒戦の戦果に意気の揚がる米第1機甲師団は、このあとチュニジアで予想をはるかに超える激戦を経験することになった。地中海沿いに幅広く展開して進撃する米機甲軍の右翼を担う第1機甲連隊第1大隊は、ティヌ川沿いの峡谷からチュニス平野へ抜ける途中の要衝シュワギ峠に進出し、11月25日に本部付中隊がイタリア軍部隊と交戦してセモベンテL40 da 47/32 戦車駆逐車2両を撃破した。続いてその日のうちに米軍戦車隊ははじめてドイツアフリカ軍団と接触し、第190戦車大隊の13両の戦車との間で激しい戦闘になった。米軍側はA、B両中隊がシュワギ峠からマテールに通じる「幸せの谷」の幹線道路両側に展開して待ち伏せの態勢をとり、最初にM3ハーフトラックに75mm短砲身榴弾砲を搭載した第1大隊突撃砲小隊のT30自走砲が進軍してくるドイツ軍を狙い撃ちしたが、低速の砲弾ではたとえ命中しても敵戦車の装甲を撃ち抜くことができず、小隊は煙幕を張って退却した。その後方で待機していたA中隊の指揮官シングリン少佐は、B中隊に援護射撃を依頼して自らは指揮戦車「アイアンホース」を駆ってA中隊のM3軽戦車12両の先頭に立ち、なおも平然と近づくドイツ戦車めがけて道路の両側から一気に突進した。だがこの勇敢な突撃も、この戦いに生き残った歩兵小隊長の以下の談話の通り、M3戦車の力の限界を示すだけに終わったのであった。

ドイツアフリカ軍団は、捕獲したスチュアートを酷使して最大限に活用した。この"3番目の丸っこい砲塔"つきのM3軽戦車もそのひとつで、1943年にアフリカ軍団がアメリカ軍から奪い取り、鉄十字を描き込んで使用したが、その年のうちに今度はチュニスの南のシェイラで逆にアメリカ軍に捕獲された。これはその時アメリカ軍により撮影された写真。
(US Army MHI)

「最初に小さなM3軽戦車が放つ37mm砲の発射音が、パチンパチンとまるでおもちゃのピストルの撃ち合いのように聞こえてきました。こっちから見て右奥にあたる隠れ場所からベン・タービンのM3が一気に躍り出て、進んでくる長砲身Ⅳ号戦車の縦列の中の1両をえらんで突進するのが見えました。そのⅣ号戦車のドイツ兵は、自分めがけて射撃しながら真っすぐ進んでくる相手に一瞬戸惑ったのか、鼻先にマズルブレーキをぶら下げた75mm戦車砲KwK40の長い砲身がしばし左右に揺れていましたが、すぐに相手を特定したらしく、砲口がゆっくりとM3に向かいました。まるで慌てる様子がなく落ち着いていましたから、きっと確実に1発で格好よく仕留めることしか考えていなかったんでしょう。もう互いの距離が140ヤード(128m)だというのに、このⅣ号はなおゆっくりと前進を続け、やがて37mm砲の弾丸を次々とあられのようにぶつけてくる小うるさい相手の方向に、ピシッと

カラー・イラスト

解説は49頁から

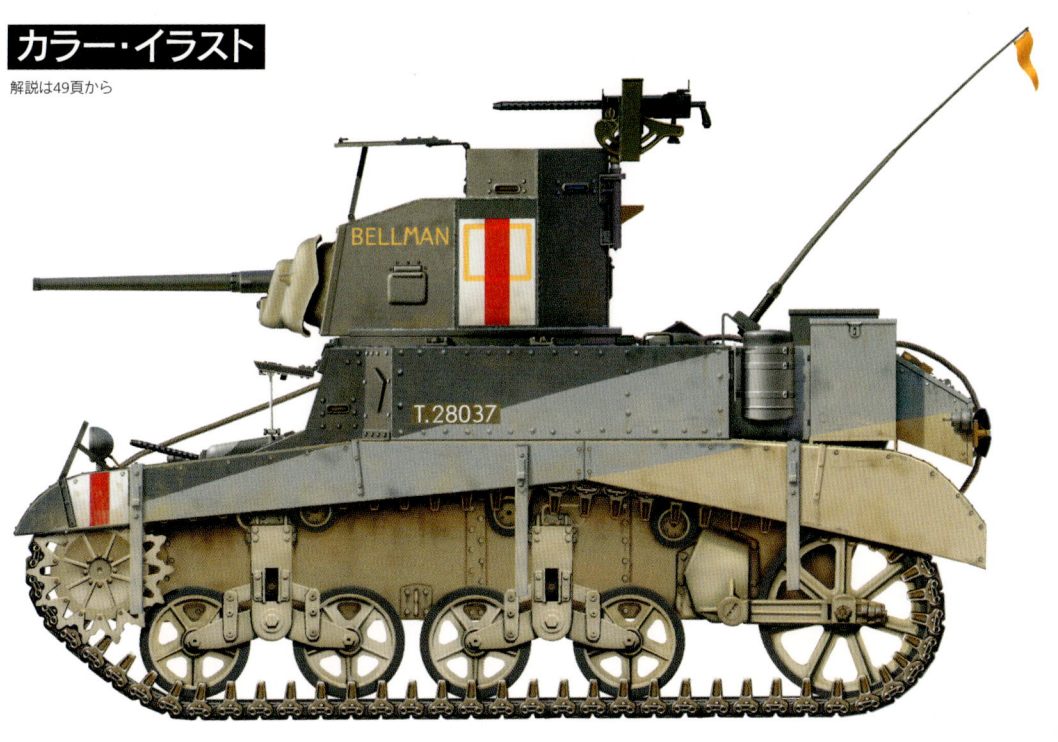

図版A：スチュアートⅠ　イギリス第7機甲師団第4機甲旅団
第8アイルランド軽騎兵連隊　[クルセーダー]作戦　1941年11月

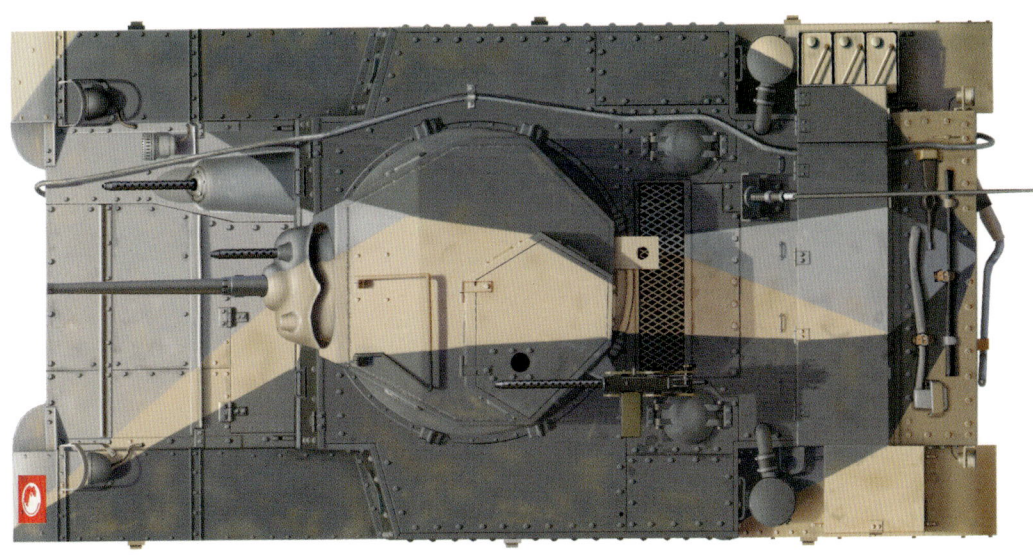

A

図版B：M1A1軽戦車　第2機甲旅団
ジョージア州フォートベニング　1941年

図版C1：M3軽戦車　第192戦車大隊B中隊
フィリピン　1941年12月

図版C2：M2A4軽戦車　第1海兵戦車大隊A中隊
ガダルカナル　1942年9月

図版D:
M3軽戦車
第1機甲師団　第1機甲連隊第1大隊　チュニジア　1942年11月

各部名称
1. 雑具収納箱
2. 牽引用ケーブル
3. 防弾型フィラーキャップカバー
4. 無線アンテナ
5. コンチネンタルW-670-9A星形エンジン
6. エンジン排気マフラー
7. プロテクトスコープ(防弾型視察装置)兼ピストルポート
8. ブローニング7.62mm機関銃
9. 7.62mm機関銃弾薬箱
10. 主砲砲尾保護カバー
11. 砲手用潜望鏡
12. 防火壁
13. M22型砲架に架装された37mm砲M6
14. 7.62mm同軸機銃
15. 主砲防盾
16. 砲塔吊上げ用リング
17. 主砲俯仰迎角調整用回転ハンドル
18. 砲塔旋回用回転ハンドル
19. 7.62mmスポンソン機銃
20. 砲手用シートクッション
21. 操縦手用プロテクトスコープ(防弾型視察装置)
22. 操縦手用シート
23. 7.62mm機関銃用三脚
24. 操縦レバー
25. シンクロメッシュ式トランスミッション
26. 前照灯
27. 前照灯ガード
28. トランスミッションハウジングカバー
29. 牽引用シャックル
30. 足掛け
31. グレイシスプレート(前面傾斜装甲板)
32. 7.62mm前方機銃
33. ラバー被覆つき履帯
34. 弾薬収納箱
35. 履帯エンドコネクター
36. 起動輪
37. 垂直渦巻ばね
38. プロペラシャフトカバー
39. 副操縦手用シート
40. 上部転輪
41. ソリッドラバータイヤつき転輪
42. 風防格納箱
43. 垂直渦巻ばねサスペンションボギー
44. トレーリング式誘導輪
45. スポンソン機銃架
46. スポンソン機銃用弾薬箱
47. エンジンエアフィルター

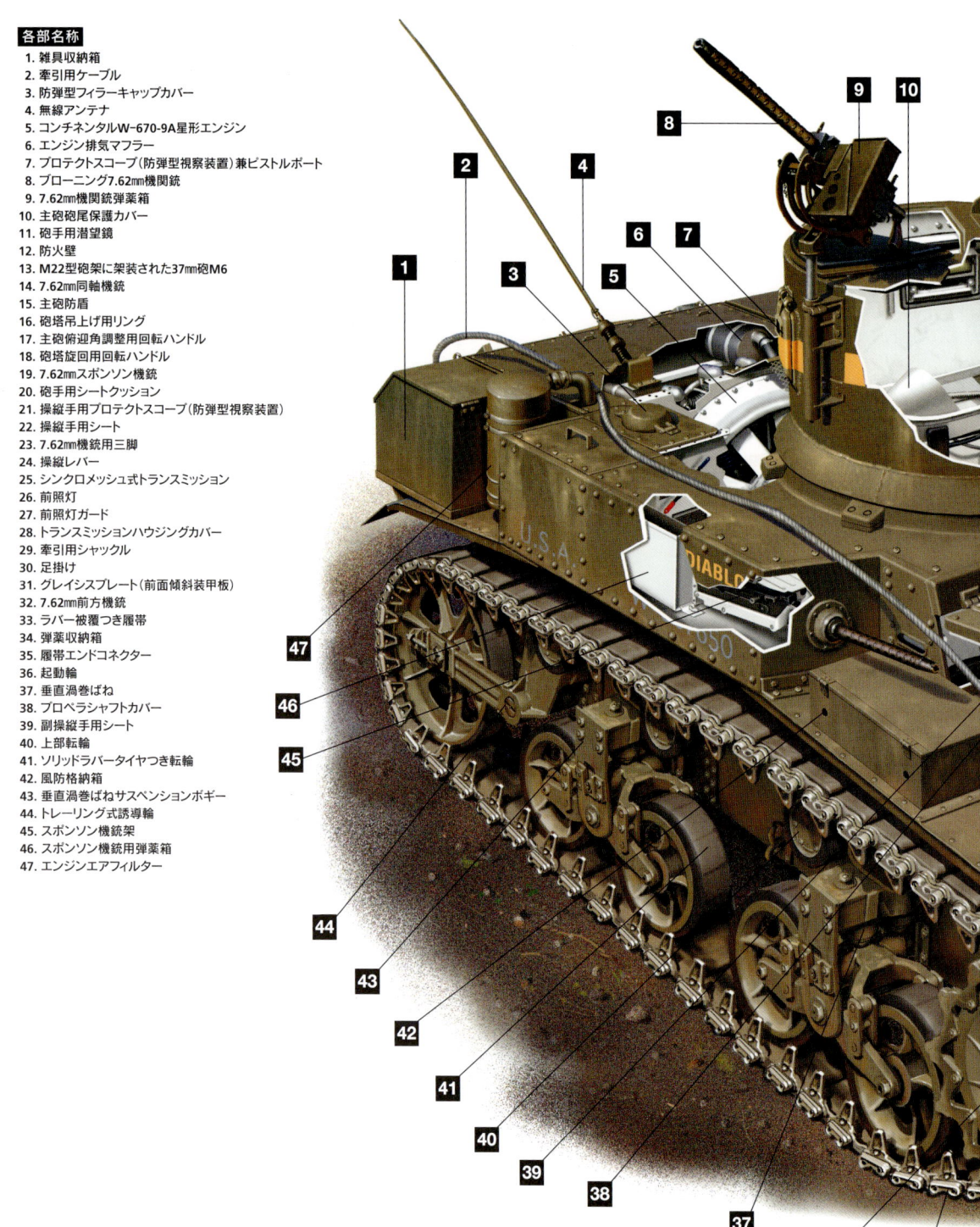

主要諸元
乗員：4名
戦闘重量：13.7トン
出力重量比：18.2hp/ton
全長：5.49m
全幅：2.23m
全高：2.90m
エンジン：コンチネンタルW-670-9A
　星形7気筒ガソリンエンジン、総排気量10930cc
　トランスミッション：シンクロメッシュ式、
　前進5段後進1段
燃料タンク容量：212リッター、投棄可能の
　95リッタータンクを車外に2個搭載可能
最大速度(路上)：58km/h
最大速度(不整地)：32km/h
航続距離：120km
燃料消費：3.08リッター/km
最低地上高：42cm
武装：M22型砲架に37mm砲M6と
　7.62mm機銃(同軸)各1、
　そのほかブローニング7.62mm機銃×4
主砲：
　弾薬●徹甲弾(AP)、M51被帽徹甲弾(APC)、
　M63榴弾(HE)、M2榴散弾、合計103発
　(通常HEを60％、APを30％、
　榴散弾を10％の割合で携行)
　初速●880m/sec(M51APCの場合)
　装甲貫徹力●M51APCの場合は
　距離500ヤード(457m)で
　均質鋼板なら53mm、表面硬化鋼板なら45mm
　距離1000ヤード(914m)で
　均質鋼板なら45mm、表面硬化鋼板なら51mm
　最大有効射程●12850ヤード(11425m)
　最大俯仰角●-10～+20°
装甲：51mm(主砲防盾)、38mm(砲塔側面)、
　38mm(車体上部前面)、44mm(車体下部前面)、
　25mm(車体側面)

図版E：M5軽戦車　第70戦車大隊（軽）C中隊
オラン　モロッコ　1943年1月

図版F：M3A3（スチュアートV）軽戦車
第1デンコスタスキー旅団　ユーゴスラヴィア　1945年

図版G1：M5A1軽戦車　第601戦車駆逐大隊
ボルトゥールノ川　イタリア　1943年10月

図版G2：M8自走砲　第2機甲師団チャド連隊
フランス　1944年

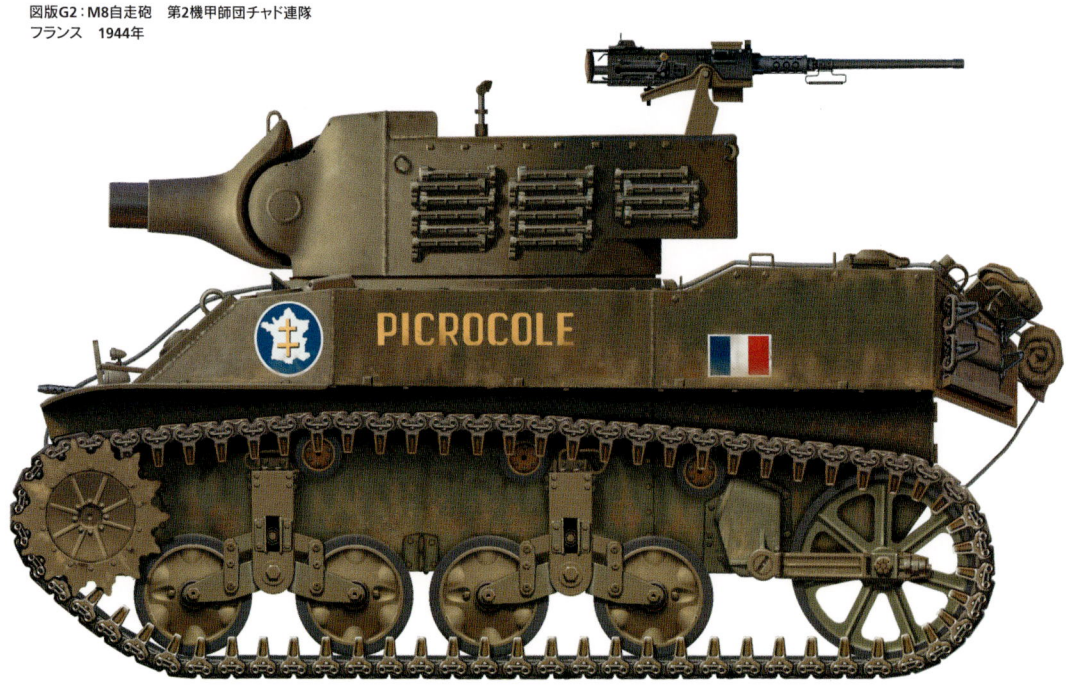

太平洋方面で日本軍との戦いがはじまった直後の1941年12月から1942年1月までが、イギリス軍のスチュアートにとって最悪の時期だった。砂漠の戦闘にそなえて訓練中だった第7軽騎兵連隊が日本軍の攻撃を阻止するために急遽ビルマへ送られて、ビルマからインドに向けて撤退するイギリス軍の後衛を務め、辛うじて友軍の防衛線にたどりついた時は、戦車が1両残るのみの消耗し尽くした状態になったのもこの時である。ジャングルの中で撮影されたこの写真には、サンドスカートやスポンソン側面の履帯固定枠といった、同連隊のスチュアートがもともと砂漠向けに改造された戦車であることを示す装備類が、はっきり写っている。
(The Tank Museum)

正確に分厚い前面装甲を向けました。

「M3のクルーは、狂ったように射撃を続けています。私には装填手が小さな弾薬を砲尾に押し込み、間髪を入れずに射手を兼ねる車長が狙って発射する様子が想像できました。あの射撃上手の車長ベン・ターピンが、この距離で狙いを外すわけがありません。しかし彼が撃った弾丸は、みんなⅣ号戦車に命中したのに、跳ね飛ばされてしまったようでした。今の今まで信頼し切っていた自分の大砲がまるっきり役に立たないのに驚き、打ちひしがれつつも、M3のクルーは合計18発もの弾丸をのっしのっしと歩み寄るドイツ戦車めがけて撃ち込んだのです。望遠鏡式照準器を覗く車長には、飛んでいく曳光弾の軌跡がはっきり見えて、それが見事に命中したところも見えたはずです。しかしそれはことごとく真上に跳ね飛んで、彼ののぞみを木端微塵に打ち砕いたのです。これでは子供がポップコーンで戦争ごっこをしているのと同じでした。ドイツ戦車は50ヤード（46m）先まで迫ってゆっくり停止したと思うと、突然発砲しました。いい加減に狙ったのかそれともただ驚かすつもりだったのか、弾丸はM3軽戦車の先の川床の土手をくずし、巻き上げた砂をM3の砲塔のハッチに雨と降らせながら、まるで腹を減らした妖怪のようなカン高い叫びを残して後方へ飛び去りました。Ⅳ号戦車は川床の溝にはまったM3軽戦車を、あたかもその長い75㎜砲の砲身でほじくり出そうとでもするかのように、しばらくじっと見つめていましたが、やおら右手の小さな砂山によじ登り、今や30ヤード（27m）しか離れていないアメリカ戦車を値踏みするかのごとく見下ろしました。

「もう絶対絶命です。あとは後退して次の射撃場所に移れるかどうかの賭けしか残っていません。ふだんならドライバーの背中を蹴るかつつくかするのに、操縦席のまわりに積も

スチュアートをベースに開発した特殊車両が軒並みキャンセルされた中で、たったひとつ生産に漕ぎ着けたのがM8である。M8はM5軽戦車の車体にオープントップの砲塔を載せ、主砲を短砲身の75mm砲に換装した自走榴弾砲（HMC）で、各機甲騎兵中隊に6両ずつ配備され、中隊のほかの戦車のための火力支援に使用された。写真は1945年2月2日、カリスブルンで射撃中のアメリカ陸軍第106騎兵偵察大隊E中隊所属の「M8 HMC」。かつて日本兵に鉄棒を突っ込まれた苦い経験から生まれたケルシーヘイズ社製の穴なし転輪と、泥濘地でトラクションを確保するためのグローサーが目あたらしい。(US Army MHI)［訳注：駆動スプロケットに巻き付いたT16型ブロック履帯数個ごとに、エンドコネクター部分に水平方向に差し渡したような出っ張った板が見えるが、それがグローサーである］

った空薬莢が邪魔で足が届かず、車長はきっと前に屈んで全速で前向きのまま後退しろと怒鳴ったに違いありません。M3が後退しはじめて、車内全員の安堵のため息が私にも聞こえたような気がしました。そりゃ誰だって射的の標的にはなりたくないですからね。だがほっとしたのもつかの間でした。正面から1発、砲塔を狙った弾丸がドライバー直前の装甲ハッチを吹き飛ばして車内に飛び込み、M3は跳ね上がって土手に叩きつけられドライバーは即死、右側前席の機関銃手は全身血だらけで目がつぶれ、飛び降りて遮蔽物めがけて走った装填手は機銃弾に倒れ、負傷して車外に逃れた車長も力つきて地面に長々と伸びてしまいました。小さなM3は炎に包まれながら無人で空しく後退を続け、友軍の手でようやく停止したのです」

　この「幸せの谷」の戦車戦で、米軍のA中隊は全滅した。しかしドイツ戦車の縦隊も、A中隊と戦っているうちにB中隊に背後を曝すかたちになり、装甲の薄い背面に弾丸を撃ち込まれて最終的には13両中9両が撃破された。この戦闘で捕虜になったドイツ戦車の乗員が、訊問の際に「こんな弱い戦車をつくるんじゃあ、この戦争はアメリカの負けだね」と言ったというが、かつて「クルセーダー」作戦で苦杯をなめたM3軽戦車が、そのちょうど1年後に「幸せの谷」の対戦車戦闘でさらに弱みをさらけ出したのは、当然の成り行きだった。この戦いでM3軽戦車がドイツ中戦車に正面からぶつかって勝てる見込みは、もともと百にひとつもなかったのである。M3の37mm砲の弾丸は、いかなる距離からも正面からはドイツ戦車の装甲を貫通できず、唯一可能なのは側面または後部から射撃した場合だけだった。ドイツは各戦車の主砲と装甲を着々と強化して、今やⅢ号戦車は強力な長砲身50mm砲をそなえて装甲も厚くなり、Ⅳ号戦車ともなればいっそう強力な長砲身75mm砲をもつに至っているのだった。チュニジアで戦った米軍戦車大隊はこの戦いを分析して、

M3の問題点を次の3点に要約した。すなわち(1)37mm砲は対戦車戦闘ではまったく役に立たない(2)視察装置が不十分なためハッチを開いたまま戦闘することになり、それが防御力を著しく低下させる(3)履帯の幅が狭いため、地面の硬い砂漠でもなお砂にもぐる傾向がある、というのである。

　チュニジアではこのあとも戦車戦が繰り返され、M3、M3A1といった軽戦車が味方の中戦車と別れて単独行動をとった場合の危険性があらためて浮き彫りになった。1943年2月に行なわれたかの有名なカセリーヌ峠の戦いでは、シュワギ峠で惨敗した第1機甲師団第1機甲連隊第1大隊にかわって今度は同じ連隊の第13大隊が大損害をこうむった。この戦いの帰趨を決した要素はもちろん戦車の性能もそのひとつだったが、それよりも指揮のまずさと訓練、経験の不足のほうが大きかった。そしてこの敗北のショックがもとでアメリカ陸軍は、ついにその戦車運用基本原則の根本的見直しと、部隊編成および装備の再検討に着手したのである。

　チュニジアでは、第1機甲師団がM3、M3A1軽戦車で編成されたのに対して、第70戦車大隊(軽)のようにM5軽戦車のみを揃えた部隊もあった。この第70戦車大隊(軽)はもっぱら自由フランス軍の歩兵の援護にあたったが、彼らがM5の力不足についてもっていた悩みは、第1機甲師団のM3A1に対する悩みと大差がなかった。第70戦車大隊(軽)は、

第二次大戦の最終段階で、太平洋方面の米海兵戦車大隊は、上陸作戦に際して1個サタン火焔放射戦車小隊に1両の割合でM5A1軽戦車を随行させ、万一日本軍戦車が出現した時の護衛役とした。これは1944年6月にサイパンで活動中の第4海兵戦車大隊所属のM5A1「MARGARET」。
(US Marine Corps)

彼らの軽戦車があまりにも弱体でドイツ戦車に対してまともな戦いができないため、時によっては第601戦車駆逐車大隊と協同して設定した待ち伏せ場所に、自らが囮となってドイツ戦車をおびき寄せることまでしたのである。また第二次大戦を最後まで戦い抜いた同大隊のある戦車長は、機甲師団上層部宛ての報告書の中で、かなり激しい調子でM5軽戦車を戦車相手の戦闘から退かせるべきだと訴えた。この報告書には、彼の大隊が遭遇したドイツ歩兵部隊の50mm PaK38あるいは75mm PaK40対戦車砲が、M5の37mm砲が届かない遠距離から射撃してきたこと、その命中弾にM5の装甲が耐えられなかったこと、ドイツ戦車と直接戦ってアメリカの戦車より大きくて重いⅢ号とⅣ号戦車の優越性を痛感させられたこと、そしてさらにM5の薄い装甲が敵の砲兵の榴弾砲の射撃にも耐えられなかったことが記載されていた。

北アフリカの現地で指揮をとる米軍司令官たちは、チュニジアの戦況をめぐって激しい議論をかわした末にあらためてドイツ軍の戦車砲と対戦車砲の実力を認め、1943年6月に第2軍司令官オマー・ブラッドレー中将と第1（強化）機甲軍司令官ジョージ・パットン中将が、軽戦車の任務を偵察行動と側面防衛に限定する発令を行なった。またアメリカ本国でも、機甲軍総司令部が北アフリカで明白になった軽戦車の能力不足を前提に機甲師団の再編成にとりかかり、その結果機甲師団の軽戦車大隊が廃止されて、かわりにM4中戦車を保有する3個中隊とM5軽戦車を保有する1個中隊とで構成される戦車大隊が登場することになった。しかし軽戦車を大隊直轄の偵察および側面防衛の任務にあてるのはいいとしても、1個大隊に軽戦車中隊が1個では少なすぎるという意見が出て、大隊本部直轄の軽戦車大隊がほぼ昔の姿で復活したが、現実には次のシチリア（シシリー）攻略

M3A1軽戦車は、欧州戦線では1943年までに完全に時代遅れとなって主役の座を降りたが、太平洋方面ではその後も引き続き第一線で活躍を続けた。これはギルバート諸島タラワ環礁のマキン島で行動中のアメリカ陸軍第193戦車大隊C中隊のM3A1。タラワでは海兵隊がベティオ島攻撃で苦戦する間に、隣の防備の薄いマキン島では1個中隊分の軽戦車がやすやすと上陸を果した。写真は1943年11月20日、同島ブタリタリに上陸したM3A1が、レッドビーチ付近に進出して第165歩兵師団の歩兵の前方で日本の狙撃兵を掃討しているところ。背中に背負っているのは上陸用舟艇から降りたあと自力で浅瀬を徒渉するための特設エンジン吸気ダクト（エンジンカバーに固定してあったものを取り外し、上下を逆にして縛りつけている）。
(US National Archives)

武器貸与法によりイギリスが入手したスチュアート軽戦車の一部が、1941年秋以降少しずつオーストラリア軍に引き渡され、同軍はそれを工場に持ち込んで各種の改造を施した。写真のスチュアートのいわゆる「M3の3番目の砲塔」のベース部分をぐるりと取り巻く特殊な保護リングも、日本兵が棒などで砲塔の旋回を妨げるのを阻止するため、オーストラリア軍が工場で独自に追加したもの。この戦車は改造後に第2機甲連隊と共にニューギニアに派遣され、日本軍と戦った。これは1943年5月19日にポペンデッタ近傍を移動中のシーン。(US National Archives)

戦とその次の北西ヨーロッパの戦いに参加した軽戦車大隊は、数の上ではほんのわずかだった。

　こうしてついこのあいだ最新型として登場したばかりのM3A1やM5A1までが、あっという間に時代おくれの烙印を押されてしまったが、それでもなお適切なチャンスさえ与えられれば、これらの軽戦車は立派に役に立った。それを証明したのが、シチリアで起きた戦車戦だった。1943年6月16日、バラフランカ村を占拠した米第1歩兵師団を、ヘルマン・ゲーリング機甲師団のIV号中型戦車16両が急襲した。だが事前に敵の動きを察知した米軍は第70軽戦車大隊から2個中隊のM5A1を割き、道路両側の高台に配置して進撃してくる敵に待ち伏せ攻撃をかけた。両軍戦車が激しい砲撃戦を展開した末に勝利をおさめたのは、意外にも地の利を得たアメリカ側だった。ドイツ軍はM5A1の射撃により戦車5両を、また米軍砲兵の援護射撃により4両を失って退却し、アメリカ軍戦車の損害は皆無だったのである。

太平洋戦線におけるスチュアート
The Stuart in the Pacific

　M3およびM5軽戦車は、欧州では対戦車戦闘で痛めつけられて早々に第一線から脱落したが、太平洋戦線では反対に立派なはたらきを見せて、その存在価値を大いに高めた。太平洋方面ではM3軽戦車が最初フィリピンとビルマに進出し、次いで1942年夏にニューギニアとソロモン諸島で戦闘に参加した。1942年8月、第1海兵戦車大隊A中隊がM2A4およびM3軽戦車を伴ってソロモン諸島のガダルカナル島に上陸し、11月には第2海兵戦車大隊B中隊がこれに続いた。このあとソロモン諸島から中部太平洋にかけてスチュアートの活躍が続くことになるが、ここでは遮蔽壕にこもる日本兵と戦う味方歩兵の援護という、北アフリカとはおよそかけ離れた任務につくことが多かった。軽戦車の37㎜砲は、材木と土で固めた日本兵の遮蔽壕を撃破するのにかならずしも最適の武器とは言えなかったが、とにかくジャングルの中で図体が大きくて重い戦車を動かすのはたいへんな苦労を伴うため、スチュアートのような少しでも小柄な戦車はことのほか重宝がられた。戦車めがけて攻撃してくる日本兵に対しても、スチュアートの機銃弾と37㎜砲の榴霰弾は、共に絶大な効果を発揮した。日本の歩兵は効果的な対戦車兵器をもたず、火薬を詰めた雑嚢を近距離から投げるといった、いくら勇敢ではあっても実質は自殺行為に等しい方法で対抗した。これに対してM3は2両が組になって行動し、1両がもう1両の周囲に機銃弾を打ち込んで日本兵の肉迫攻撃を阻止する戦法をとったため、日本兵相手の接近戦はまれに見る野蛮で残酷な戦闘となり、あるアメリカ兵はこの様子を「戦車がまるで挽肉器のように血まみれになった」と表現したほどであった。

　日本軍は1942年8月にソロモン諸島の北にあたるニューブリテン島［訳注2］とニューア

武器貸与法によるM3軽戦車のソ連への供与はかなり早い時期にはじまり、ソビエト陸軍はそれを戦争の末期まで使い続けたが、正直なところ兵士たちの間の評判はあまりよくなかった。写真はイギリス軍が「スチュアート・ハイブリッド」と呼んだ、後部に丸みがついてしかも司令塔がないD58101型砲塔をもつ、後期生産型のM3軽戦車。側面の文字「КУЙ-БЫШЕВ（クーイブィシェフ）」は、ボルシェビキの英雄本人か、もしくは彼にちなんで名付けられた都市を指すものと思われる。車体のスポンソン前面に機関銃のボールマウントが残っているが、後期生産型のM3とよく混同されるM3A1の場合はこのマウントがまったくないか、または撤去してそのあとを平らな板で覆ってあるので、注意すれば見誤ることはない。この車両は1942年3月に生産されたということだから、砲塔がD58101型に切り替わった直後にラインオフしたに違いない。
（US National Archives）

イルランド島を占領し、9月には九五式軽戦車と共にニューギニアに上陸した。地理的にニューギニアにごく近いオーストラリアはこれを脅威と感じて直ちに戦車を派遣し、第6機甲連隊第2大隊のスチュアートがエンダイアディア岬の近くでオーストラリア軍歩兵の援護にあたった。これに続くブナ作戦でも1943年初頭まで、オーストラリア軍戦車は歩兵に協力して強力な火力支援を続行したが、さすが身軽なスチュアート軽戦車もニューギニアの奥深いジャングルと険しい山岳に行動の自由を阻まれ、苦戦を強いられた。オーストラリア軍は例によって肉迫攻撃をかけてくる日本兵を、独自の改造を施したスチュアートで巧みにかわした。

訳注2：日本がラバウル航空基地を建設した島がニューブリテン島である。

　ガダルカナル島を占領後北上の機会をうかがっていたアメリカ陸軍と海兵隊は、1943年7月、海兵隊守備大隊から引き抜いた3個軽戦車小隊のM3A1の援護のもと、ガダルカナル島の北西200kmに位置するニュージョージア島に上陸して、ムンダ飛行場を奪取した。11月にはさらに北上してブーゲンビル島占領を目指したが、この作戦はジャングルの中で日本軍の執拗な抵抗を排除するのに手間取り、南太平洋で最も長引いた攻略戦のひとつとなった。ブーゲンビル島トロキナ岬への上陸に際しては、海兵隊第3戦車大隊のM3A1軽戦車が飛行場攻撃に活躍したが、深いジャングルと激しい雨に妨げられて、攻撃はしばしば中断した。ソロモン諸島の中で最大の面積を誇るブーゲンビル島は、そのほとんどがジャングルに覆われ、たまに開けた場所があるとそこは湿地で、うかつに進入すると戦車が沈むおそれがあった。1943年も暮れに近づいたころ、南太平洋戦線でようや

M5A1軽戦車は非力なため戦車相手の戦闘には不向きと判定されて、1944年以降はもっぱら偵察や側面防衛などの二次的任務に回された。しかしそういった任務であっても、ドイツ軍の対戦車砲やパンツァーファウスト（携帯式ロケット弾）の攻撃を受ける機会がかなり多かったため、M5A1の装甲の貧弱さを知る乗組員たちは車体前面に砂袋や丸太を積み上げて応急対策とした。写真はジークフリート線突破作戦に参加して、1944年11月16日にドイツのベゲンドルフを通過中のアメリカ陸軍第2機甲師団所属のM5A1。バーゲスノートン社製のゴム被覆のない履帯を装着している。
(US Army MHI)

くM3スチュアート戦車の引退がはじまり、入れ替わりにより重い戦車が各地に到着しはじめて、アメリカ陸軍と海兵隊ではM4シャーマン中戦車が、オーストラリア軍ではマチルダ戦車が主力となった。

軽戦車は南太平洋に続いて中部太平洋方面でも広く用いられた。ジャングルと険しい山岳が立ちはだかる南太平洋の戦場とは対照的に、ここではほとんどの戦闘が小さな島あるいは環礁への敵前上陸のかたちをとり、そういう開けた場所では戦車は使いやすかった。

1943年11月20日に開始されたギルバート諸島タラワ環礁への上陸は、中部太平洋における最初でしかも最も激烈な戦闘となった。海兵隊員が分乗した水陸両用強襲車アムトラックと上陸用舟艇が海岸に殺到したあとを追ってM4A2中戦車が上陸し、2日目から3日目にかけてさらに海兵隊第2戦車大隊のM3A1軽戦車も戦闘に加わったが、軽戦車の37mm砲では日本軍の頑丈な鉄筋コンクリート製地下陣地を破壊できず、やむなく海兵隊の戦車兵は地下陣地の直前まで軽戦車を進めて、大砲の覗き孔に直接照準で炸裂弾を撃ち込んだ。珊瑚の死骸でできた小島に過ぎないタラワは、占領までにまる3日の気も遠くなる長い時間と、おそるべき犠牲を必要とした。M3A1軽戦車はこの時はまだ海兵隊戦車大隊の正規

■戦前の戦闘車および軽戦車生産台数

	1936	1937	1938	1939	1940	合計
M1戦闘車	93	26	30			89
M1A1戦闘車			24			24
M2戦闘車					34	34
M2A1軽戦車	9					9
M2A2軽戦車	10	152	74			236
M2A3軽戦車				71		71
M2A4軽戦車					325	325
試作車		2				2
合計	52	180	128	71	359	790

1944年から45年にかけて、北西ヨーロッパ戦線のイギリス軍は旧型のスチュアートⅤ（M3A3）やスチュアートⅢ（M3A1）のみならず、よりあたらしいスチュアートⅥ（M5A1）までも一括して偵察任務に投入した。またイギリスは武器貸与法により受領したこれらの車両の一部をカナダ軍、ポーランド軍、チェコスロヴァキア軍に提供した。写真は1945年春、ドイツ国内で停止中のイギリス軍アキリーズ戦車駆逐車の横を通過する、ポーランド第1機甲師団第1対戦車連隊所属の念入りに偽装を施したスチュアートⅥ。
（Sikorski Institute）

イギリス軍はM3A3軽戦車をスチュアートⅤと名付けて大量に使用したが、時期が時期だけに対戦車戦闘は避けて偵察任務に回した。これはノルマンディ作戦にそなえ、エンジン吸排気用の大型ダクトが取りつけられたスチュアートⅤ。こうしておけば、上陸用舟艇から降りたあとかなりの水深があっても水没せず、自走で上陸できるはずである。
（The Tank Museum）

■戦時中のスチュアート軽戦車生産台数

	1941	1942	1943	1944	合計
M2A4	40	10			50
M3 (diesel)	479	802	4		1285
M3 (gasolin)	2072	2454			4526
M3A1 (diesel)		211			211
M3A1 (gasoline)		4370	40	4410	8820
M3A3		2	3425		3427
M5		4148			4148
M5A1		784	4063	1963	6810
M8 HMC		373	1330	75	1778
合計	2591	13154	8862	2038	26645

dieselはディーゼルエンジンつき、gasolineはガソリンエンジンつき。

太平洋戦線では、アメリカ陸軍と海兵隊の両方がM5A1軽戦車を使用した。写真はフィリピンのネグロス島に上陸した陸軍第706戦車大隊D中隊の後期生産型のM5A1が、1945年3月29日、第40歩兵師団の車両の縦列の先頭に立って移動しているところ。後期生産型のM5A1は車体後部に器材格納箱が新設され、また砲塔側面のM20対空射撃用機銃架がD60490型折畳み式ピントルマウントに変更されるなど、各種の設計変更を受けた。
（US Army）

の戦車だったが、タラワで敵陣地を攻めあぐんだ苦い経験が、海兵隊をしてその軽戦車の全部をできるだけ早くM4A2中戦車に入れ替える決心をかためさせた。タラワの経験から生まれたものにもうひとつ、火焔放射戦車があった。日本軍が築いた鉄筋コンクリートの陣地をいかなる戦車砲でも破壊できなかったことが、その後多数のM3A1が火焔放射戦車に改造されるきっかけをつくったのだった。

1944年2月のマーシャル群島クエジェリン環礁上陸作戦では、米軍はタラワの二の舞いをおそれて冒頭から上陸部隊を援護する戦車の数を増やし、まずは2月1日に第4海兵師団が第4海兵戦車大隊を伴って環礁内の互いに隣接するロイ島［訳注3］とナムル島に上陸し、そのややあとに陸軍部隊が第767戦車大隊の援護のもと、同じ環礁内のクエジェリン島をはじめとする複数の島を攻撃する方法をとった。これらの戦車部隊はいず

■武器貸与法によるスチュアート供与台数

	イギリス	ソ連	フランス	中華民国	その他	合計
M2A4	36					36
M3	5532	1676*	307	536	497	8548
M5	1421	5	226			1652
M8 HMC			174			174
合計	6989	1681	707	536	497	10410

＊このうち443両が輸送中に失われた

れも中戦車が主力だったが、M5A1も少数混じっていた。クエジェリンの日本軍守備隊はまさか戦車が上陸してくるとは思わなかったらしく、障害物も置いてなければ満足な対戦車砲ももっていなかった。しかし意外にも彼ら自身は戦車をもっていたが、それはM3A1とくらべるといちじるしく旧式で、何の役にも立たないガラクタにすぎなかった。

訳注3：日本軍はルオット島と呼んだ。

　1944年6月15日に行われたマリアナ諸島サイパン島上陸作戦の時は、海兵隊の戦車大隊が完全に再編成をすませ、かつて1個大隊あたり54両あったM3A1軽戦車が46両の

第二次大戦中、多数のM3軽戦車がブラジルを筆頭とする南米諸国に供給された。その後M3はヨーロッパでは急速に時代遅れとなったが、南米では一貫して強力な兵器として大事に扱われ、ブラジルはじめ多くの国の陸軍でごく最近まで主力戦車として君臨した。写真は砲塔の国籍マークが誇らしげなブラジル陸軍のM3。

M5A1はアジアでは1950年代の終わりまで立派に現役だった。これは1952年1月に撮影された台湾中華民国陸軍のM5A1。(US Army)

M4A2中戦車に入れかわり、ほかに大隊あたり14ないし24両のM3A1改造のサタン火焔放射戦車があった。サイパン島では上陸後に第2および第4戦車大隊の中戦車が中隊サイズの戦闘グループに細分されて、地下壕にこもる日本軍を攻撃する海兵隊兵士を個別に援護した。海兵隊のあとを追って翌16日に上陸した陸軍第27師団も戦車の援護を受けたが、その中に第762、766戦車大隊の2個軽戦車中隊に所属するM5A1軽戦車が少数混じっていた。サイパンでは珍しくも日本軍守備隊に海軍陸戦隊戦車中隊と陸軍戦車第9連隊が含まれていたため、小規模ながら中部太平洋で初の日米戦車による戦車戦が行なわれた。7月24日に米軍はサイパン島に近いテニアン島を襲い、ここでもサイパン島同様第2、第4海兵戦車大隊の中戦車とM3A1サタン火焔放射戦車が海兵隊上陸グループを援護した。こうしてマリアナ諸島制圧作戦が1944年夏に終了したころには、海兵隊でも陸軍でもM3A1とM5A1は完全に少数派に転落して、ごく少数が生き残るだけとなった。

　スチュアート軽戦車の影が急速にうすれた太平洋戦線でただひとつの例外はビルマ戦線だった。ここでは米軍と中国軍が協力関係にあり、両軍から選ばれた兵士によってM3A3スチュアート装備の4個大隊とM4A4シャーマン装備の2個大隊から成る中国臨時戦車隊が組織されて、ビルマと中国南部の両方にまたがって活躍した。そのほか1944年から45年にかけて極東で戦った英軍のほとんどが、戦車をスチュアートからリーまたはシャーマン中戦車に切り替えた中で、インド機甲軍だけが少数ながらまだスチュアートを使っていた。インドではスチュアートが1941年にすでに到着したのに、騎兵連隊の機甲軍への編成替えが遅々としてはかどらず、それが終わった時は1942年を通り過ぎて1943年にな

イギリス軍は第二次大戦後もスチュアート軽戦車を使い続けたが、それは戦車としてではなく、雑用車両としてであった。写真はその代表例で、砲塔を取り外されて17ポンド対戦車砲の牽引車に早変わりしたスチュアートVI (M5A1)。(The Tank Museum)

っていたという特殊事情があった。その結果1943年前半にようやくインド機甲軍18個連隊のうち第7軽、第18、第45の3個騎兵連隊がスチュアートを保有することになり、このうち第7軽騎兵連隊が1944年3月にインド第254戦車旅団に所属してインド機甲軍としてはじめて実戦にのぞみ、インパール、コヒマ両作戦に参加ののち1945年のビルマ奪回にひと役買った。また第45騎兵連隊がインド第50戦車旅団に所属して、1945年2月のアラカン作戦の後半に活躍した。

M3軽戦車は生産の途中、絶えず性能向上を目的とする設計変更を受け続けた。写真の均質圧延鋼板使用の（それまで使っていた表面硬化処理鋼板はやめたということ）、後部に丸みがついたD39273型砲塔は1941年10月に導入され、砲塔側面のややいかつい防弾型の覗き窓「プロテクトスコープ」は、この砲塔の導入と同時に新規に採用されたものである。このタイプのM3は砲塔上の司令塔に覗き窓が4個あるのが特徴で、当初フォートベニングの第2機甲師団にこのタイプのM3が大量に配備された。写真はそのうちの1両で、まだ工場を離れたままの姿をしているところを1942年2月に撮影したもの。
（US Army MHI）

そもそもはM3軽戦車の車体を近代化してM3A3軽戦車をつくったはずだったのに、迷惑なことに次期モデルにあたるM5シリーズがほぼ同じ時期に量産にはいったために邪魔をされ、結局M3A3は宙に浮いて、その全部が武器貸与法による海外輸出に振り向けられてしまった。写真は1944年にインドで編成され、1944年から45年にかけてビルマで奮闘した中国第1臨時戦車大隊第3中隊のM3A3軽戦車。
（US National Archives）

北ヨーロッパのスチュアート
1944～45年
The Stuart in Northern Europe 1944-45

歩兵援護と対戦車戦闘の任務からすっかり解放されたあとも、スチュアートはなお各種の雑多な任務に駆り出され、休む暇を与えられなかった。なにしろ絶対数が多かったから、その欠点を問題にする前に、できるだけ利用したほうが得策と誰もが考えたに違いなかった。

1943年と44年の2年間に、アメリカは武器貸与法にもとづいて5300両ものスチュアートを主としてイギリス向けに輸出したが、実際はその大部分がカナダ、オーストラリア、ニュージーランド、南アフリカなどの連邦軍と、ポーランド軍のような英軍の兵器の使用を前提とした同盟軍の手にわたった。またこれとは別に、アメリカはドゴールの自由フランス軍に530両を超えるM3A3とM5A1を直接供給した。

アメリカがスチュアートに替わるべき新型軽戦車M7の開発に失敗したあと、その穴埋めとしてM24チャフィーが1943年3月に登場した。強力な75mm砲をそなえたM24は、攻撃力においてM5A1をはるかに凌ぐのみならず、全体の設計が見事にバランスした真に近代的な軽戦車だったが、1944年4月に生産が開始されたあとトラブルが発生して、戦場へのデビューは1944年12月にずれこんだ。

1944年の夏に連合軍がノルマンディに侵攻した当初は、英米両軍が共に多数のM3A3とM5A1軽戦車を抱えていた。米陸軍の各戦車大隊には53両のM4中戦車と6両の105mm砲搭載M4中戦車のほかに、M5A1軽戦車17両を有する1個中隊が例外なく付属していたし、そのほかに少なくともノルマンディ上陸の時点では、軽戦車のみを有する第744および第759のふたつの師団本部付戦車大隊が存在した。米機甲師団はというと、各師団に

第二次大戦終了後、アメリカは軍事援助計画（名付けてMAP）の名のもとに多数の欧州小国陸軍に戦車を供給し、その影響で欧州ではかなり長い間あちこちでM5A1の姿が見られた。写真はローマのコロセウム遺跡の前を分列行進するイタリア陸軍のM5A1。（US National Archives）

後期生産型のM3軽戦車の内部写真。ドライバー席からうしろを振り向いたところで、画面上方に37mm砲の後部が見える。その下にプロペラシャフトのトンネルがあり、その両側にそれと直角方向に砲弾格納ケースが配置されている。砲塔内ではたらく要員つまり車長と装填手が戦車の移動時に腰掛けて休めるよう、ケースの蓋をパッドで覆ってある。この戦車はブラジルで回収されてからフォートノックスに運ばれ、レストア後にパットン博物館に展示されたもの。（S. Zaloga）

77両の軽戦車があり、その内訳は3個戦車大隊それぞれに17両、騎兵偵察中隊に17両、師団本部付中隊に9両だった。それ以外にもたとえば師団に属さない騎兵偵察中隊のような、M5A1のみを使う特殊な部隊もあった。この連合軍のスチュアートの使用状況を別の角度、たとえば軍集団 [訳注4] 単位で眺めてみると、ノルマンディ上陸から3カ月を経た1944年9月の時点で、ヨーロッパ北西部に展開したアメリカ陸軍第12軍集団傘下の7個の機甲師団と16個の独立戦車大隊と8個の騎兵戦闘団には、合わせて1150両ものM5A1が在籍した。フランス陸軍のスチュアートの使い方もアメリカ軍と似たようなもので、ただ彼らがM3A3とM5A1を両方使う点だけが違っていた。

訳注4：複数の「軍」を束ねたものが「軍集団」。ブラッドレー率いる第12軍集団は、ホッジスの第1軍とパットンの第3軍から成り立っていた。

　だが米軍がM5軽戦車を躊躇せずに使いまくったのは、ノルマンディ上陸後のわずか数カ月間だけだった。どうしてかというと、例えばパットン率いる第3軍のM5A1の喪失数は1944年から45年にかけて308両にものぼったが、そのほぼ半数が1944年の6月から9月までの短い期間に発生したものだったし、第3軍と共に第12軍集団を構成するホッジスの第1軍も、1944年の7月から9月までのわずか3カ月間にその軽戦車の大部分を失っているのである。こうして麾下の軽戦車部隊が上陸後の数カ月間に甚大な損害を出したことを知るにおよんで、司令官たちはその弱点を敵に曝さぬよう、軽戦車の任務に制限を加える方向に動きはじめ、それが効果を現して10月以降に損害の減少となって現われたのだった。

　ノルマンディ上陸直後に大量の軽戦車を失ったブラッドレーの第12軍集団は、傘下のM5A1軽戦車すべてを早急に新型のM24軽戦車と入れ替えるよう、公式の要求を行なった。しかしワシントンの陸軍省は海上、陸上双方の輸送の困難を盾に全面的な同意を避け、騎兵師団あるいは機甲師団所属の偵察中隊など、手持ちがM5A1軽戦車だけでそれを援護しようにもM4中戦車の手持ちがない部隊から優先的に入れ替える方法をとった。そのため機甲師団はあとまわしにされて、戦争終了までにM5A1をほぼ全数M24に入れ替えることができたのは第7機甲師団だけという結果になった。

　M5A1軽戦車がドイツ軍の戦車と対戦車砲には歯が立たないとわかったあと、これに追い討ちをかけるようにあらたな強敵が現れた。北西ヨーロッパの戦場でドイツ軍が、パンツァーファウストに代表される歩兵用携帯式対戦車ロケット弾を使いはじめたのである。その影響は、M5A1の全損失を原因別に分類すると、55パーセントが戦車砲もしくは対戦車砲、25パーセントが地雷、15パーセントがこの携帯ロケット弾という数字が示す通り、かなり深刻だった。軽戦車の弱点を別の角度から表すものとしては、戦車が撃破された時に乗員が死傷する割合が、中戦車では5人に1人なのに対して、装甲の薄い軽戦車は3人に1人という数字もあった。1945年に第2機甲師団が最高司令官ドワイト・アイゼンハワー将軍宛てに提出した報告書の中に、次のように記述がある。「M5軽戦車はあらゆる点で時代遅れで、対戦車戦闘能力がきわめて低い（中略）……現在我々は軽戦車を歩兵と共に行動させるにとどめ、間違っても敵戦車の直撃弾を浴びることのないよう、細心の注意をはらっている。それはM5がドイツ軍戦車の射撃によって撃破されてしまうのに、M5の37㎜砲ではドイツ戦車も、またドイツ対戦車砲も撃破できな

イタリアで戦った英軍と英連邦軍は、スチュアート軽戦車に二次的な任務しか与えなかったが、そのうち偵察任務にはスチュアートⅤ軽戦車の砲塔を取り去ったいわゆる「スチュアート・レッキ」を使うことが多かった。イタリアで活躍したポーランド第2機甲師団も、元々英軍から譲り受けた器材の使用を前提に編成された部隊だったから、同じように砲塔なしのスチュアートⅤを多用した。写真はポーランド軍第1クレショビエキ槍騎兵連隊本部付中隊のスチュアート・レッキ「KOBRA」。1945年にイタリアで撮影。(Sikorski Institute)

いからである」。こうしてアメリカ陸軍は結局のところ北西ヨーロッパの戦場では777両、またイタリア戦線では424両のM5A1を失ったのであった。

　英軍と英連邦軍は、そのスチュアートの大部分を機甲部隊所属の偵察隊に振り向けて、各隊にそれぞれ11両をあてがった。北西ヨーロッパで戦ったイギリス軍のスチュアートはほとんどがスチュアートⅤ（M3A3）で、一部の偵察隊がスチュアートⅢ（M3A1）とスチュアートⅥ（M5A1）を使った。ポーランドとチェコスロヴァキアの機甲軍は、イギリス軍の組織をそっくり採用し、戦車も武器貸与法によりイギリスに供給された分を譲り受けて使用した。ポーランド軍は、北西ヨーロッパに展開した第1機甲師団とイタリアに展開した第2機甲師団が、併せて110から130両にのぼる各種のスチュアートを受け取り、チェコスロヴァキア軍は、独立機甲旅団が約30両のM5A1軽戦車を運用した。英軍と英連邦軍部隊は、砲塔を取り外したスチュアートを、前線の戦車部隊への弾薬補給に多数使用した。この砲塔なしのスチュアートがどれくらい使われたかを示す数字としては、北西ヨーロッパに展開したカナダ陸軍第1軍が大戦末期に保有した259両のスチュアートⅥのうち、42パーセントにあたる109両が弾薬運搬車に改造されていたという記録が残っている。

地中海方面のスチュアート
Stuarts in the Mediterranean theater

　ヨーロッパでは北西ヨーロッパのみならず、イタリアでも1944年から45年にかけて、英米両軍が全域にわたって多数のスチュアートを使用した。ただし英軍の場合は、すでにアフリカ当時からスチュアートの使用範囲を偵察任務などの二次的任務に限定してしまったため、砲塔を取り外して軽量化して使う偵察部隊がけっこう多かった。この砲塔を撤去するやり方は、北アフリカのリビア砂漠で戦った英軍が"発明"して以来定着したもので、砲塔がないスチュアートはその分重量が軽くなってスピードが上がり、動作が活発になって、37mm砲の火力にまさる恩恵をもたらす場合が多かったといわれる。なおこの英軍名物「スチュアート・レッキ」［訳注5］については、単に砲塔の撤去だけでなく、各部にわたりかなり綿密な改造が施されていたことを断っておかなければなるまい。このほかイタリア戦線では、これとは別に砲塔つきのオリジナル状態のまま弾薬運搬車に転用された英軍のスチュアートも多かった。

　1944年に英軍の援助により誕生したユーゴスラヴィア第1機甲旅団は、ただ1両のスチュアートⅢ（M3A1）と56両のスチュアートⅤ（M3A3）軽戦車を擁し、ユーゴスラヴィア解放に際してはこれらの戦車がアドリア海沿岸に上陸して内陸に進攻した。ユーゴ軍も英米軍同様スチュアートの火力不足に悩み、一部の車両を改造して捕獲したドイツ軍の75mm対戦車砲PaK40や20mm対空機関砲FlaK38（4連装）などを搭載して火力支援に使用した。

訳注5：レッキはreconnaissance＝偵察の略。

戦後に使用されたスチュアート
Post-war use of the Stuart

　M5A1軽戦車の能力の限界をあまりにも知り過ぎていたアメリカ陸軍は、第二次大戦終了と同時に少しも迷うことなくM5A1を現役から退かせ、イギリス軍のスチュアートも、同じく終戦後あっという間に姿を消した。アメリカ軍の場合、実際にはごく少数のM5A1軽戦車が戦後しばらく軍の在籍リストに残っていたが、それは金門島に駐留するアメリカ第1海兵師団第7大隊が、砲塔と車体の一部を取り去って代わりに105mm榴弾砲を搭載した急ごしらえのM5A1改造火力支援車を4両温存していたからだった。そのほかヨーロッパ

では、もともと軍備が貧弱なベルギー、オランダ、イタリア、トルコ、ギリシャなどの小国が、どこから見ても時代遅れとなったスチュアートを1940年代後半に購入して、軍事予算の節約に役立てた。

　フランスは戦後もM5A1、M3A3軽戦車を手放さず、1950年以降自国製の新型軽戦車AMX-13が完成して軍に引き渡されるまで使い続けた。また仏領インドシナでは、第501戦車連隊から引き抜かれて現地フランス軍の応援に派遣された1個小隊がM5A1軽戦車を持ち込んで仏印戦争を戦ったが、当時すでに現地のスチュアートのほとんどがより近代的な軍用車両に置き換えられ、少数のM5A1がフランス海外機甲師団などごく一部の部隊に残っているにすぎなかった。

　中国の国民党軍は、1944～45年のビルマの抗日戦で、アメリカから入手したM3A3軽戦車を一貫して使い続け、さらにそれをその後1946年から49年まで続いた国民党軍と共産党軍との間の中国内戦に転用した。国民党軍はこれらのM3A3を上手に使って局所的にかなりの成功をおさめたが、共産党軍を全面的に撃ち破るには数が不足で、最後は共産党軍が勝利をおさめた。国民党軍が敗れて蒋介石が台湾に脱出したあとこれらの戦車は毛沢東の共産党軍に捕らえられ、新生の人民解放軍により1950年代のはじめまで使用されたが、部品の補給が途絶え、また1950年以降より近代的なソ連製戦車が導入されたために、急速に姿を消した。いっぽう台湾に誕生した中華民国では、その機甲部隊がアメリカから受領した少数のM5A1を使用した。

　スチュアートは、その経歴からすれば砂漠の戦いにきわめて縁の深い戦車でありながら、第二次大戦後の中東ではまったく活躍が見られなかった。実際は戦後にエジプトが少数を保有し、またイラクのようなこの地域の他の新生独立国にも少数が存在したが、1956

この105㎜砲搭載のT82は、各種試作されたM3/M5軽戦車ベースの歩兵支援用自走榴弾砲のひとつである。おそらくは充実した内容をもっていたものと思われるが、運悪く今にも戦争が終わりそうな時に試作車が完成したため、量産は無意味との判断でキャンセルされてしまった。
（Patton Museum）

年にスエズ紛争が起きるまでにそのほとんどが退役してしまったのである。

インド軍は第二次大戦後もスチュアートを使い続け、スチュアートⅥ（M5A1）が1958年まで、スチュアートⅤ（M3A3）が1965年まで、共に現役にとどまった。したがって1940年代の終りにインド・パキスタン間で国境紛争が発生した時はスチュアートはまだ現役だったが、1965年のインド・パキスタン戦争の時には全部が退役して、1両も残っていなかった。

第二次大戦中にアメリカ合衆国から南米に送られたM3とM3A1の数は総計500両にもおよび（ブラジルにM3が427両、チリにM3A1が30両、コロンビアにM3A1が12両、キューバにM3A1が12両、エクアドルにM3A1が42両、エルサルバドルにM3A1が6両、メキシコにM3A1が4両送られた）、そのため南米では戦後多くの国がそれぞれ独自にスチュアート軽戦車を中心に小規模な機甲軍を編成した。これらのスチュアートは1960年代後半まで健在で、中には1990年代まで生き延びたものもあった。南米のスチュアートは、大体においてたいした戦闘を経験することなく自然消滅したが、機械産業の発達したブラジルだけは例外で、1980年代にはいってからスチュアートの寿命延長のための大改造を実施している。

カラー・イラスト解説 The Plates

（カラー・イラストは25-32頁に掲載）

A 図版A：スチュアートⅠ　イギリス第7機甲師団第4機甲旅団　第8アイルランド軽騎兵連隊　「クルセーダー」作戦　1941年11月

「クルセーダー」作戦に参加したスチュアートの塗装は、ちょっと風変わりな塗り分けになっていた。この第一次大戦当時の軍艦の斜め縞模様を思わせる迷彩は、旧第4機甲旅団長カウンター准将の考案によるもので、その意図するところは、ひとえに彼我の距離とこちらの移動の向きを敵に見誤らせることにあった。この塗装を正確に再現した資料は、著者が知る限り雑誌『Tankette』（小型戦車の意）に1997年から98年にかけて連載されたマイク・スタンパーの研究報告以外には存在しない。迷彩のカラーリングはベースがBSC No.64 ポートランドストーンで、あとの2色はBSC No.28 シルバーグレーとBSC No.34 スレートである。スレートのかわりにイギリス軍が採用した新色、カーキグリーン3を使うこともあったとされる。

砂漠の戦いでは個々の車両の敵味方識別で間違いが起きやすいため、イギリス軍は第一次大戦の戦車に使われた方式を模して、国籍マークとして図のような白赤白の派手な縦縞模様を採用し、さらにアンテナポールや細い支柱に同じく国籍を示す小旗を掲げさせた。この戦車のアンテナに結びつけた黄色の旗はそのためのものである。この第8アイルランド軽騎兵連隊には戦車に競争馬や猟犬など、速く走る動物の名前をつける伝統があり、司令部の戦車にはHで始まる競争馬の名前が（たとえば司令官の専用戦車が"Hurry On"＝それいけ！）、また中隊の戦車にはアルファベットではじまる速足の動物の名前がついていた。図の戦車はB中隊所属で、B中隊は猟犬の名をつけることになっていたからBoxer、Beacon、Bellmanなど全部Bではじまる犬の品種名になっていた（図の戦車が「Bellman」）。白赤白の縦縞マークの中の黄色の四角はこのB中隊のマークで、その横の戦車名「BELLMAN」も黄色で書いてある。車体製造番号は白字になっているが、そのバックが迷彩色でなく、米軍オリジナルカラーのオリーヴドラブのままなのが面白い。

B 図版B：M1A1軽戦車　第2機甲旅団
ジョージア州フォートベニング　1941年

1940年7月にアメリカ陸軍に機甲軍が誕生した時、フォートノックス駐屯の第2機甲旅団の指揮官に当時准将だったジョージ・S・パットンが選ばれた。パットンは早速M1A1軽戦車（それまでのM2戦闘車）を1両えらび、砲塔の基部に赤、白、青3色の帯を入れて、演習の際に彼が乗る専用指揮戦車とした。この3色は、国籍マークと配色が同じという以外に、旅団の第1、第2、第3戦車大隊それぞれの識別カラーをも兼ねていたが、その後パットンが師団長に昇格して第2機甲師団全体を指揮する立場になって、上記の3個大隊以外の大隊が全部彼の指揮下に入ると3色では足りなくなり、あたらしく増えた大隊を一括して表現するために黄色の帯が最下段に追加された。この図はその状態を示す。パットンは戦車兵が嫌った窮屈な戦闘服をはじめ兵士たちの自由を束縛する方向の一連のアイデアを次々に実施に移し、兵士たちから"大スズメバチ"（厄介事の震源地という意味）のあだ名を奉られたが、本人は少しも意に介さず、特製サイレンを鳴らしながらこの専用戦車で意気揚々とフォートノックスのまわりを突っ走ってはひとり悦に入っていた。その様子を表したのがこの絵である。

パットンの専用車は、最初戦前の軍用車両の標準色だったF.S.14064で塗装されていたと考えられる(F.S.14064はグロス仕上げで、後述するF.S.34087にくらべてやや暗く見えるのが特徴である)。ところが1940年12月2日に軍務局長名で、軍用車両のカラーをF.S.34087つや消しオリーヴドラブNo.9に統一する指示が出て、1941年以降軍が購入する戦車がすべてこの塗料で塗装されることになったため、たぶん1941年早々にこの専用戦車もその色で再塗装されたと推定される。側面の車両登録番号USA W-40258がブルードラブで記入されているが、番号をブルードラブで記入する陸軍省の通達は、発行されたのは1941年11月だったが実際はそのずっと前、たぶん1941年前半にはもう実行に移されたといわれるから、再塗装したあとすぐにこのブルードラブで番号を記入したに違いない。

　車体前方の大きな国籍マークは陸軍航空隊が飛行機に採用したものとよく似ているが、色の配分が違う。星の外側、星、星の中の円、の順序でいうと、この戦車が赤、白、青なのに対して、飛行機は青、白、赤でちょうど逆だった。その横の赤地に白い星がはいった小旗は陸軍のスタッフカーに共通のもので、星2個が当時のパットンの階級である少将を表している。左のフェンダーに立つ金属板の小旗は赤と黄色に塗り分けられ、中央の三角が第2機甲師団の師団徽章である。

図版C1：M3軽戦車　第192戦車大隊B中隊　フィリピン　1941年12月

　日米戦争の初期に米軍がフィリピンに持ち込んだ軽戦車は、工場の生産ラインを降りたばかりの最新型ながら、無愛想なモノカラーの塗装に最小限のマーキングという姿で、素朴そのものだった。この当時アメリカには、戦車に国籍その他のマーキングを描く習慣がまだなかったのである。砲塔にある淋しげな文字「HELEN」は、たぶん車長の夫人かガールフレンドの名であろう。全体を当時の標準塗装のつや消しオリーヴドラブNo.9で仕上げ、側面にブルードラブで登録番号を記入しているが、この登録番号はじつはこの戦車のものではない。どういうことかというと、ブルーの文字はモノクロのフィルムにはほとんど写らないため、この戦車の写真からは番号が読みとれなかったのだ。それでやむなくこの図には、フィリピンに送られた一群の戦車が該当したであろう番号を、適当に推定して書くしかなかった。

図版C2：M2A4軽戦車　第1海兵戦車大隊A中隊　ガダルカナル　1942年9月

　第1海兵戦車大隊は1942年8月、M2A4およびM3軽戦車を伴ってガダルカナル島に上陸した。これらの海兵隊戦車にどのようなマーキングが施されていたか調べてみたが、残された大隊の資料にはいっさい記録がなかった。しかし戦争末期まで一貫して用いられた海兵隊のUNIS(部隊に番号を割り振るシステム)が、このガダルカナルに上陸した戦車には適用されなかったことは確かで、適用されたのは各軽戦車の砲塔を取り巻く白や黄色の帯だけであり(どうやら白と黄色のみではなかったらしいが)、それは日本の戦車が現れた場合の敵味方識別用だったと考えられる。海兵隊は戦争の全期間を通じて、陸軍がやったように全部の戦車に味方識別マークの白い星を描くような真似はしなかったが、やはり同士討ちは心配だったようで、それが上記の帯以外に砲塔上部に手塗りの小さな星を追加するというかたちをとったのであろう。星の前方にあるもうひとつのマークは部隊識別用で、外側の枠(円、菱形、四角などがあった)が小隊マークで、中の数字が中隊マーク(1が本部付、2がA、3がBなど)である。車体側面の白い数字は登録番号のように見えるが厳密なものではなく、内輪の番号にすぎない。図でわかるように、海兵隊戦車の基本塗装は陸軍と同じつや消しオリーヴドラブである。

図版D：M3軽戦車　第1機甲師団　第1機甲連隊第1大隊　チュニジア　1942年11月

　詳細は図版の番号順の説明と諸元表を参照。

図版E：M5軽戦車　第70戦車大隊(軽)C中隊　オラン　モロッコ　1943年1月

　第70戦車大隊(軽)は1942年11月にカサブランカ空港占拠戦に参加して、M5で最初に実戦を経験する名誉をになうことになった。この戦車の側面に描かれた派手な国籍マーク、というより国旗そのものは、これを見ればヴィシー・フランス軍が射撃を控えるだろうという希望的観測にもとづいて、「トーチ」作戦に参加した全車両に描かれたものである。それゆえ同じくカサブランカに上陸した第756戦車大隊(軽)のM5にも、当然このマークが描いてあったと考えられる。「トーチ」作戦に参加してアフリカに上陸した車両には、1942年9月25日付け(No.9)と同年10月1日(番号不明)付けの2回にわたる「作戦通達」で、黄色または白の大きな星のマークの記入が義務づけられ、その後黄色は汚れると見えにくくなることがわかって1942年12月5日付けで廃止の指示が出たが、少なくともチュニジアで行動中は誰も黄色の星を消すことなど考えもせず、そのまま放置されていた。それがこの戦車の側面に小さめの黄色い星が、車体前方上面には大きな白い星が、それぞれ描かれている理由である。車体後部上面の青い円に白星のマークは、トーチ作戦における正式の航空機向け味方識別標識である。なおこの図には表れていないが、車体前面下部に「70＾C-16」の部隊マークがある。国旗の前方の「5048-14」は船積みの整理番号、後部側面のブルードラブの数字は登録番号である。戦車全体はつや消しオリーヴドラブで塗装されている。

図版F：M3A3(スチュアートⅤ)軽戦車　第1テンコフスキー旅団　ユーゴスラヴィア　1945年

　英国はチトーのパルチザンを応援する目的で、イタリアで編成した戦車旅団を1944年11月にユーゴスラヴィアのダルマチア海岸に上陸させた。この旅団は、後に自分たちのスチュアートを改造してドイツ軍から奪った武器を載せ、武装を強化するようになったが、図の戦車の場合は4連装の20mm機関砲FlaK38を搭載している。このほかに75mm対戦車砲PaK40を搭載したスチュアートなどもあった。図の戦車はもとは普通のオリーヴドラブの塗装だったがその後手が加えられ、このようにユーゴスラヴィア人好みのサンドを混ぜた迷彩塗装に仕立てられたもの。側面の標識は、上から順に青、白、赤の帯を並べた国旗の白帯の中央に赤い星を追加

したユーゴ軍の国籍マークである。

図版G1：M5A1軽戦車　第601戦車駆逐大隊 ボルトウールノ川　イタリア　1943年10月

　M5A1軽戦車は、時として6輪のM8装輪式装甲車を装備する戦車駆逐大隊にM8の代わりに臨時に配備されることがあったが、図の車両もそれと同じ目的で601大隊に送り込まれたうちのひとつである。マーキングはいずれもイタリア戦線に参加した車両特有のもので、特に輪の中に星を描いた白い標識はシチリア島侵攻作戦の時はじめて採用されたことで有名。その前方の黄色の四角の中に赤のYの字があるのが601大隊の識別マークで、左の隅に赤字で中隊名が（この場合は"A"）記入されている。

図版G2：M8自走砲　第2機甲師団チャド連隊　フランス 1944年

　チャド連隊はフランス第2機甲師団所属の機械化歩兵部隊で、支援部隊としてM8自走砲装備の2個中隊を抱えていた。同師団は組織こそ米軍に倣ったものの、こと車両のマーキングに関しては米軍の影響をいっさい受けずに、完全な独自性を保っていた。図のM8自走榴弾砲で最も目立つのが、前方側面に描かれたブルーの円の中にフランス国土の輪郭とロレーヌの十字架をあしらった徽章である。側面後方に白枠つきの三色旗があるが、このマークは前面にも描かれることが多かった。この師団は車両に名前をつけるのが好きで、第1支援中隊には「Pantagruel（パンタグリュエル）」と「Picrocole（ピクロコル）」（図の自走砲）、第2支援中隊には「Grandgousier（グラングージェ）」と「Panurge（パニュルジュ）」、第3支援中隊には「Gargantua（ガルガンチュア）」と「Jean des Entommeurs（ジャン・デ・ザントムール）」という具合に、有名な小説[訳注6]に登場する架空の人物の名をとった自走砲が揃っていた。これらの名前は通常車体側面に白字か黄色字で書き込まれたが、図の「PICROCOLE」の場合は後者だった。

　第2機甲師団の識別マーキングは独特で、中央に連隊を表すアルファベットを配し、その周囲に線を何本か引いて中隊を表した。したがってこの自走砲の場合は、連隊記号Bの上に棒を1本描いて第1支援中隊を表せばいいはずなのだが、いかなる気まぐれかこの車両にはそれが表示されていなかった。

訳注6：これらはいずれもフランソワ・ラブレー著『パンタグリュエル物語』に登場する人物の名である。

スチュアート軽戦車の弱点に気づいたアメリカ陸軍は、それに替わるべき新型戦車の開発を急ぎ、1942年末に主砲と装甲を強化したM7軽戦車（写真）の生産準備を完了した。だが開発の過程で全体の大きさと重さがM4シャーマン中戦車とほぼ同レベルに達したM7は、もはや軽戦車としての意味を失ったと見做されて、ほんのひと握りの生産車を残して消え去ることになった。(US Army)

◎訳者紹介

武田秀夫（たけだひでお）
1931年生まれ。東京大学工学部機械工学科卒業。日野自動車を経て本田技術研究所に入社、乗用車の設計開発に従事し、1991年退職。訳書に『ハイスピードドライビング』『F1の世界』『ポルシェ911ストーリー』（いずれも二玄社刊）、『第8航空軍のP-47サンダーボルトエース』『アムトラック米軍水陸両用強襲車両』『M26/M46パーシング戦車 1943-1953』（大日本絵画刊）などがある。現在東京都内に在住。

オスプレイ・ミリタリー・シリーズ
世界の戦車イラストレイテッド **23**

**M3 & M5スチュアート軽戦車
1940-1945**

発行日	2003年10月10日　初版第1刷
著者	スティーヴン・ザロガ
訳者	武田秀夫
発行者	小川光二
発行所	株式会社大日本絵画 〒101-0054 東京都千代田区神田錦町1丁目7番地 電話:03-3294-7861　http://www.kaiga.co.jp
編集	株式会社アートボックス
装幀・デザイン	関口八重子
印刷/製本	大日本印刷株式会社

Ⓒ1999 Osprey Publishing Limited
Printed in Japan
ISBN4-499-22818-2　C0076

**M3 & M5 Stuart Light Tank
1940-1945**
Steven J. Zaloga
First published in Great Britain in 1999,
by Osprey Publishing Ltd, Elms Court,
Chapel Way, Botley,
Oxford, OX2 9LP. All rights reserved.
Japanese language translation
©2003 Dainippon Kaiga Co.,Ltd.